천년 숲의 자연생태와 역사문화

생명의 숲 함양상림

생명의 숲 함양상림

천년 숲의 자연생태와 역사문화

초판 1쇄 인쇄　2023년 3월　2일
초판 1쇄 발행　2023년 3월 15일

지은이　최재길
펴낸이　이수용
편집　이헌호
디자인　조동욱
펴낸곳　수문출판사
등록　1988년 2월 15일 제7-35호
주소　26136 강원도 정선군 신동읍 소골길 197
전화　02-904-4774, 033-378-4774
이메일　smmount@naver.com
블로그　blg.naver.com/smmount 수문출판사

　ISBN　978-89-7301-203-9　(03470)

※ 잘못된 책은 바꾸어 드립니다.

천년 숲의 자연생태와 역사문화

생명의 숲 함양상림

최재길 지음

수문출판사

세월이 지나가면 이야기가 쌓입니다.

사람의 이야기! 자연의 이야기! 역사 속의 이야기!

우리나라에서 제일 크고 오래된 마을숲

함양상림은 천년의 세월이 켜켜이 쌓여있는 자연사 박물관입니다.

대관림이라는 최치원 선생의 공덕이 살아 숨 쉬는

천년 역사의 대현장입니다.

여기에서 선생의 신도비를 받치고 선 거북돌의

비밀을 간직한 듯한 알쏭달쏭한 미소를 봅니다.

함양상림은 아름드리 고목들이 뭇 생명을 보듬어 키우는

사랑의 보금자리, 커다란 생명의 집입니다.

찾는 발걸음 하나하나 너그러이 품어주는 엄마의 품입니다.

더불어 우리 마음에 치유의 숲이 되고 있습니다.

상징성과 가치가 늘 푸른 숲

아름다움과 개성이 넘치는 상림의 품속으로 오세요.

천년의 숲 상림을 위하여

이호신 ＊ 화가

평소 나는 숲에서 붓을 들 때 '숲은 생명의 둥지요 우주'라는 생각을 지니고 있다. 숲은 지구별이 생겨난 이래 모든 생명의 근원으로 인류와 함께하고 있으므로…. 또한 숲에 깃든 햇빛과 별들의 대화는 우주의 노래로 그 정령들이 숨 쉬고 있다. 하여 숲은 생태계를 넘어 모든 진리의 세계라고 말하고 싶다.

이 숲을 지닌 우리 국토 중에 가장 대표적인 숲을 들라면 나는 함양의 상림(上林)을 꼽겠다. 숲이 조성된 천년의 역사나 생물과 생태의 다양성, 그리고 규모에서도 단연 으뜸인 숲이다. 이 상림은 함양의 상징으로 지역 역사의 보고(寶庫)요, 대자연의 선물이다. 가히 자연사박물관이라 부를 수 있고, 오늘날 삶을 위한 치유의 숲이 되고 있다.

상림의 중요성은 누누이 알려져 왔지만 실제로 상림의 얼굴을 살핀 노력과 기록은 아쉬운 편이었다. 그런데 천년 숲에 시절 인연이 닿았으니 최재길 선생과의 만남이다. 오롯이 상림을 위해 현지에 머물며 수년간 생태일지를 쓰고 사진을 찍어온 생활은 열정과 사랑으로 가득하다. 최 선생의 노력을 지켜본 증언자로서 그 결실이 된 이 책을 기쁘게 추천한다.

그의 말대로 "함양상림은 자연과 문화를 아우르는 귀중한 복합문화유산이자 자연생태 박물관"이다. 그 향기와 빛깔이 책에 잘 어우러져 있다.

오랜 기간 사계절 현장에서 관찰하고 찍은 사진을 통해 식물, 곤충, 새들의 성장 과정과 먹이사슬 관계를 살피게 한다. 인접한 강(위천)의 물새 중 5년 동안이나 집중적으로 살핀 원앙의 사례는 참으로 집요하다. 또한 그의 제언은 생태계 변화를 염려하고 있다. 이처럼 상림은 돌아보고 다시 천년을 내다보는 안목으로 가꾸고 관리되어야 할 것이다. 이러한 바탕 위에서 저자의 노력이 인정받기를 바란다. 나아가 이 책에 독자의 꾸준한 사랑이 이어지기를 기대한다.

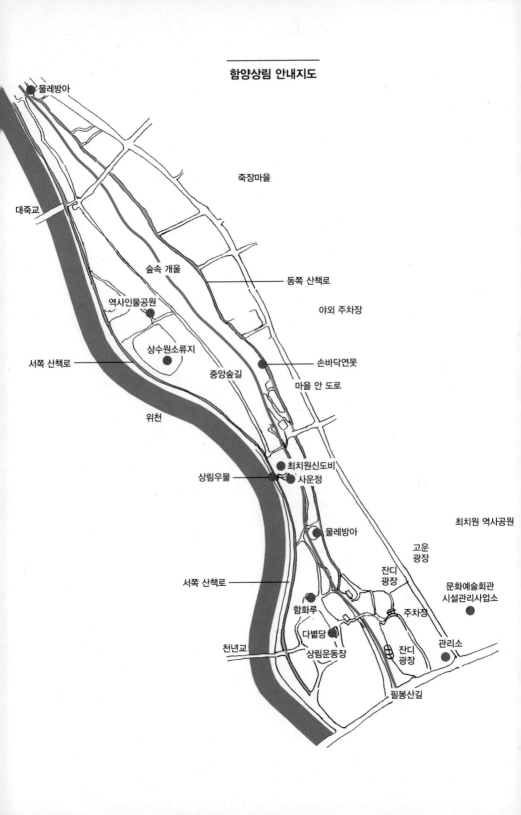

함양상림 안내지도

물레방아

죽장마을

대죽교

숲속 개울

동쪽 산책로

야외 주차장

역사인물공원

상수원소류지

서쪽 산책로

중앙숲길

손바닥연못

마을 안 도로

위천

최치원신도비

상림우물

사운정

물레방아

최치원 역사공원

고운
광장

잔디
광장

문화예술회관
시설관리사업소

서쪽 산책로

주차장

함화루

다볕당

잔디
광장

관리소

천년교

상림운동장

필봉산길

산 높고 물 맑은 함양! 양지바른 골짜기 함양! 생명은 다 저 사는 곳의 지형 지세를 닮는다지요. 그저 한번 살아보고 싶은 이끌림에 이사를 왔습니다. 그런데 문득 궁금한 생각이 일었습니다. "천년숲이라 하는데 왜 함양상림을 제대로 알리는 책자 하나 없을까?" 함양상림 가까운 곳에 자리를 잡고 부지런히 숲을 드나들게 된 이유입니다.

생각해보면 참 무모한 일입니다. 좌충우돌 7년이라는 세월이 훅~ 지나갔습니다. 그러고는 미완의 결과물 하나 엮어놓았습니다. 평소 어떤 가치관처럼 지니고 다니는 생각이 있습니다.

"행동하라!"

누가 뭐래도 내가 좋아서 하는 일. 돌이켜보니 늘 그런 일을 하면서 살아왔습니다. 만 서른에 다니던 직장을 그만두고 지리산 자락에서 야생화 농장을 운영했더랬습니다. 우리 소나무 문화를 알아보기 위해 전국의 솔숲과 큰 소나무를 끈질기게 찾아다녔습니다. 지리산권 문화유적을 직접 확인하러 1년간 발걸음을 옮기기도 했습니다. 그리고 이번에는 함양상림의 자연생태와 역사문화를 향한 문을 두드리게 되었습니다. 그러면서 보니 함양상림은 숨은 보물이 아니겠습니까? 아직 그 가치를 인정받지 못하고 있는 천년 세월 우리의 소중한 자연문화유산!

함양상림의 숲을 관찰하고 걷는 동안 차츰 마음에 위안이 되었습니다. 떠돌던 도심에서 가져온 불안 심리는 사라지고, 마음에 잔잔한 평안이 스며들었습니다. 함양상림이 엄마의 품처럼 감싸 안아주는 그런 힘을 지녔나 봅니다. 숲길을 걷는 많은 사람의 얼굴에서도 그러한 낌새를 느꼈습니다. 마을숲의 다양한 역할 중 하나가 심리적 안정감을 주는 것입니다. 바깥으로부터 내 안을 지켜주는 든든한 경계의 벽! 생물 다양성이 뛰어난 함양상림은 숲이 큰 만큼 위안의 힘도 큰 것 같습니다.

엄마의 품 같은 함양상림의 생태그물 속에서 함께 출렁이며 허리 숙여 뭇 생명을 살펴보았습니다. 그 속에는 아름답고 냉혹한 자연의 질서가 꿈틀거리고 있었고, 변화무쌍한 자연의 깨우침이 있었습니다. 하지만 바라보는 것과 담아내는 것은 참 많이 다른 영역 같습니다. 무에서 유를 창조하듯 씨줄과 날줄을 엮어내는 일은 캄캄한 혼동과 갈등 그리고 커다란 인내심을 요구했습니다. 시행착오의 수업료도 지속적으로 요구했습니다. 덕분에 함양상림은 저를 가르친 자연의 스승이 되었습니다. 오랜 세월 야생의 여행자로 살아온 제 인생의 길잡이가 되어주었습니다.

"세상에 공짜는 없다."

그동안 혼자 좋아서 식물을 보고 다녔지만, 함양상림은 시작부터 무모한 도전이었는지도 모릅니다. 식물을 자꾸만 바라보다 보니 생태그물로 이어진 곤충도 보이고 새들도 보였습니다. 그러니 더욱 막막할 수밖에 없었지요. 도감을 몽땅 뒤지다가 한계에 부딪히기 일쑤였습니다. 결국은 전문가 선생님들께 손을 내밀었습니다. 좋아서 하는 일을 끝까지 밀어붙여 마무리하는 것이 더욱 의미 있는 일이겠지요. 세상에 거저 되는 일은 없는 것 같습니다. 그만한 대가를 치러야 합니다.

모자라긴 하지만 이제 스스로 공부한 결과물을 나눌 수 있겠다는 생각이 듭니다. 함양의 주민과 함양상림을 찾는 우리가 제대로 알아야 보전하는 길도 열리지 않겠습니까? 그 길로 나아가는 데 이 책이 조그마한 보탬이 된다면 커다란 영광이겠습니다.

삼가 함양상림의 뭇 생명과 최치원 선생님의 대관림, 천년 세월 숲을 이만큼이라도 보전해온 대대손손 함양 주민들께 깊은 감사를 드립니다.

평생을 걱정하며 애틋하게 돌봐주신 어머니께 마음으로 감사를 올립니다.

2022년 12월
최재길

차 례

추천의 글 •6

들어가는 말 •9

천년숲의 정체성 •14

— 함양상림을 대표하는 나무는 뭘까?

함양상림의 생물 다양성 •22

— 야생을 닮은 작은 생태계

오직 하나뿐인 마을숲의 내력 •56

— 문화적 사연이 넘치는 천년숲

천년의 비밀을 간직한 거북돌의 미소 •74

— 대관림을 일군 최치원의 역사·문화 이야기

핫 플레이스와 뷰 포인트 •90

— 함양상림의 상징성을 지닌 별난 장소들

생태계를 떠받치는 풀 •108

— 생태계의 풍성함을 더하는 풀꽃 이야기

숲의 뼈대를 이루는 나무 ·148
— 숲속의 생명을 키워내는 나무 이야기

천년숲에 깃든 새 ·194
— 함양상림에 둥지를 튼 조류 생태 관찰기

고목의 다람쥐 ·232
— 함양상림 다람쥐 생태 집중 관찰기

늙은 졸참나무와 딱다구리 ·240
— 함양상림 딱다구리 생태 집중 관찰기

위천과 함양상림의 원앙 ·252
— 함양상림 원앙 생태 집중 관찰기

감사의 말 ·270
함양상림 생물 목록 ·272
참고문헌 ·285

천년숲의 정체성

— 함양상림을 대표하는 나무는 뭘까?

"함양상림의 정체성(identity)은 어디에서 찾아야 할까?" 지난 7년 동안 함양상림을 관찰하고 나서 최근에 떠올린 질문입니다. 낯선 일에 처음부터 또렷한 방향을 잡기는 어렵습니다. 조금씩 조금씩 쌓아올려야 뼈대를 세울 수 있겠지요. 뭔가 윤곽이 드러났을 때 새롭게 다가오는 그 무엇! 세상일은 다 익히고 숙성하는 시간이 필요한 것 같습니다.

큰 틀에서 생각해보니 천년의 역사문화와 자연생태가 떠올랐습니다. '이 속에서 함양상림의 정체성을 찾아야 하지 않을까?' 천년의 역사문화라는 관점에서 보면 당연히 최치원 선생과 숲의 조성, 그리고 마을숲의 역할에서 찾아야겠습니다. 숲의 조성과 마을숲 이야기는 뒤에서 자세하게 다루었습니다. 그러면 "자연생태의 관점에서 숲의 정체성을 대표할 만한 것은 무엇일까?" 함양상림의 생태그물을 지탱하는 생명을 차근차근 떠올려봐야겠습니다. 함양상림의 마스코트 큰오색딱다구리, 천연기념물인 원앙, 수풀 아래 귀하게 피어나는 꿩의바람꽃, 가는장구채 같은 풀꽃도 떠오릅니다. 하지만 '숲의 뼈대를 이루는 기둥'의 역할이 더욱 중요하지 않을까 싶은데요. 큰 나무들이 버티고 서서 숲을 이루니 그 아래 작은 나무와 풀들이 자라고 새와 곤충이 몰려들겠지요.

그럼 숲을 떠받치고 있는 큰 나무들 중에서 골라야겠습니다. 일단 나무의 개체수가 많아야 합니다. 함양상림에서 제일 많이 볼 수 있는 큰 나무는 졸참나무와 개서어나무입니다. 이 나무들이 많기도 하지만, 고목들의 생태적 가치와 심미적 아름다움으로 볼 때 함양상림의 정체성을 대표할 만합니다. 그래서 졸참나무와 개서어나무를 정체성 목록에 올려놓았습니다. 적어도 셋은 되어야 할 것 같아 하나를 더 골라봤습니다. 함양상림에서 많이 볼 수 있는 나무는 당단풍나무, 윤노리나무, 나도밤나무, 사람주나무, 감태나무 등입니다. 이 중에서 나무의 특별함에 주목해보니 나도밤나무가 쉽사리 떠오릅니다. 그 유별난 특성은 바로 꽃내음입니다. 해마다 5월 말이 되면 어김없이 피어나 함양상림의 숲길을 감미롭게 만드는 나무입니다.

졸참나무! 개서어나무! 나도밤나무! 최종 결과 이 세 종(種)의 나무가 함양상림의 정체성을 대표하는 나무로 선택되었습니다. 조금 온기 있는 상상력을 발휘해서 이 나무들을 가족관계로 엮어보았습니다. 졸참나무는 호방하면서도 섬세한 품을 지닌 아빠! 개서어나무는 부드럽고 개성 있는 손길을 내미는 엄마! 나도밤나무는 톡톡 튀는 감성과 재치를 지닌 딸! 그럼 이제 가족이 된 이 나무들의 특성과 매력 포인트를 한번 들여다볼까요?

햇잎이 돋아나는 졸참나무숲 2020.4.15.　　　　　　가을을 맞은 졸참나무 2022.10.31.

졸참나무, 호방하면서도 섬세한 품을 지닌 아빠

　함양상림의 거대한 졸참나무 군락은 천년숲을 떠받치는 으뜸 기둥입니다. 그 자태와 크기만으로도 듬직한 아빠 같습니다. 함양상림의 정체성을 대표하는 나무로 꼽을 만합니다.

　거대한 졸참나무는 새들의 훌륭한 보금자리가 되고 있습니다. 무성한 잎은 수많은 곤충(주로 딱정벌레, 나비와 나방의 애벌레)의 먹이입니다. 많은 곤충이 잎을 말아 집을 짓거나 껍질을 뚫고 들어가 생활하기도 합니다. 사슴벌레는 썩은 나무 속을 파고 들어가 애벌레를 키우며 살고요. 둥치의 틈에서 흐르는 수액에는 말벌류, 딱정벌레류, 파리류 등 다양한 곤충들이 찾아옵니다. 녹음이 우거지는 한여름의 졸참나무는 뭇 생명의 식탁이자 보금자리입니다. 짝을 찾아 모여드는 생명의 몸짓들이 거대한 품속에서 꿈틀

거리는 시기입니다. 덕분에 숲은 팽팽한 긴장과 활기로 가득합니다. 그래서 참나무가 많은 숲은 생명 다양성이 매우 높다고 합니다. 생태계에 미치는 참나무의 공덕을 새겨볼 만합니다.

함양상림의 졸참나무는 가슴을 풀어헤쳐 자식을 거둬 먹이는 젖먹이 어미, 뭇 생명을 품어주고 받아주는 대범한 모성 같습니다. 그 속에는 밥 먹으러 오는 넘, 집 짓고 잠자러 오는 넘, 초대하지도 않았지만, 쓸데없이 찾아와 기웃거리는 넘, 멀리서 찾아와 그저 잠깐 쉬었다 가는 넘도 있습니다. 묻지도 따지지도 않습니다. 우리도 함양상림을 찾으면 그 모성의 품에 안기는 것이겠지요?

함양상림의 졸참나무는 세월의 흔적을 온몸으로 안고 숲 사이사이에 어깨를 맞댄 채 웅장하게 서 있습니다. 겨울 숲에 들면 이 거대한 졸참나무들의 본 모습을 속속들이 볼 수 있습니다. 장구한 세월을 지켜온 생명의 신성함마저 느낄 수 있습니다. 굵은 몸통은 장군의 호방함을 닮았고, 부드러운 가지는 예술가의 섬세함을 닮았습니다. 그 몸통과 가지는 계절에 따라 서로 다른 색채와 율동을 선보입니다. 늙어서도 사시사철 볼품 있게 아름다운 졸참나무입니다.

개서어나무, 부드럽고 개성 있는 손길을 내미는 엄마

함양상림의 개서어나무는 푸근하게 맞아주는 엄마 같습니다. 졸참나무 숲의 단조로움을 깨는 듯 우아한 몸짓에 섬세한 손가락을 펼쳐놓고 있습니다. 그 부드러운 아름다움은 또 다른 숲의 매력을 안겨줍니다.

노랗게 단풍이 든 개서어나무 2017.11.5.

푸근하고 개성 있는 나무껍질
2018.2.15.

　개서어나무는 남부지방에서 흔히 볼 수 있다고 하지만, 함양상림처럼 다른 낙엽활엽수와 함께 아름다운 고목들이 떼로 모여있는 곳은 거의 없는 것 같습니다. 한 나무로 보면 흔하디흔하겠지만, 떼로 모여 소곤거리는 개서어나무숲은 귀하게 다가옵니다. 오랜 세월 함께 참나무와 이웃해온 함양상림의 나무들 사이에는 자연의 역사와 생명의 이야기가 녹아있습니다.

　개서어나무는 축축 늘어지는 수꽃차례와 곧이어 돋아나는 햇잎으로 함양상림의 무덤덤한 봄을 엽니다. 하지만 그 속은 싱그러운 생명의 기운으로 가득합니다. 가을이 오면 밝은 색동옷으로 갈아입는 노란 단풍이 곱습니다. 울퉁불퉁 굽은 몸통에 아로새긴 흰 줄무늬는 자유분방한 질서를 지녔습니다. 노란 단풍과 줄무늬 파자마가 어우러진 푸근한 자태는 개서어나무의 또 다른 개성입니다. 결이 곱고 선이 부드러운 촉감과 노란 색감이 마음을 따뜻하게 열어줍니다.

　한겨울의 줄기 껍질은 더욱 또렷하게 자신을 드러냅니다. 섬세한 가지 끝의 겨울눈은 시린 창공에 붉은 점을 알알이 찍어놓았습니다. 고개 들어 하늘을 보면 서로에게 틈을 내어준 작은 눈동자들이 반짝반짝 눈웃음을 짓습니다. 어느 겨울날 오색딱다구리 한 마리가 파도를 타며 날아와 개서어나무 가지를 붙잡고 늘어집니다. 버들가지처럼 흔들리는 부드러운 선이 섬섬옥수 같습니다.

나도밤나무, 톡톡 튀는 감성과 재치를 지닌 딸

　나도밤나무는 좀 다른 매력을 지닌 나무입니다. 이처럼 개성 있고 톡톡 튀는 자식이라면 얼마나 신기하고 사랑스러울까 싶은 생각도 듭니다.

　나도밤나무 키는 함양상림의 정체성으로 뽑은 세 종의 나무 중에서 제일 작습니다. 뿌리줄기를 많이 내는 관목성 교목인데 7~8m까지 커 숲의 중간 부분을 차지합니다. 숲 아래에서도 잘 살아가는 음수(陰樹)라는 것을 알 수 있습니다. 숲 전체에 퍼져있지만, 주로 남쪽으로 큰 군락을 이루고 있습니다. 공해에 약한 나무라고 하니 함양상림의 자연환경을 짐작할 수 있겠지요?

　나도밤나무는 재치가 번뜩이는 전설을 지니고 있습니다. "호랑이에게 물려 갈 팔자라도 살아날 길은 있다." 재치 있게 대처하면 위험한 순간을 벗어날 수 있다는 교훈이 담긴 옛이야기인데요. 유명한 율곡 이이의 호식(虎食) 설화입니다. 율곡 선생은 어려서 호랑이에게 잡혀갈 운명이었답니

향기 짙은 꽃을 무성하게 피운 나도밤나무 2017.6.2.

해묵은 줄기와 어린줄기
2018.1.28.

다. 뒷산에 밤나무 천 그루를 심어야 운명을 꺾을 수 있는데 세어보니 한 그루가 모자라는 겁니다. 이때 나도밤나무가 짠~ 하고 나타나 '나도 밤나무요!' 하고 우겨서 천 그루를 채우게 됩니다. 덕분에 호랑이로부터 어린 율곡을 지켰으니 톡톡 튀는 재치가 돋보이지요?

하지만 톡톡 튀면서도 감성을 자극하는 유별난 개성이 또 있습니다. 그것은 바로 꽃향기인데요. 5월 말쯤 함양상림에는 나도밤나무가 어마어마한 꽃무리를 이룹니다. 자신의 향기로 온 숲길을 뒤덮습니다. 알라딘의 요술램프에서 나온 지니가 사랑의 마법으로 숲길을 안내합니다. 땅거미가 내려앉을 무렵 중앙숲길을 걸으면 나긋한 숲의 운치와 꽃내음에 취합니다. 재치와 감성을 둘 다 지닌 나도밤나무의 매력에 흠뻑 빠지게 됩니다. 다가서고 싶은 상대에게 빠질지도 모릅니다.

함양상림의 생물 다양성

— 야생을 닮은 작은 생태계

야생을 닮은 함양상림의 자연환경

함양상림은 낙엽이 지는 고목(古木)으로 이루어진 별난 마을숲입니다. 오랜 세월 함께 이웃해온 나무들 사이에는 함양상림의 자연사와 함양의 역사문화가 녹아있습니다. 나무와 풀 그리고 버섯까지 다양한 식생이 어우러진 함양상림은 자연스러운 숲의 생태환경을 보여줍니다. 숲을 이루는 100여 종의 낙엽활엽수와 100여 종의 풀꽃은 생물 다양성을 높이고 있습니다. 함양상림은 다양한 생물들이 모인 작은 생태계입니다. 각각의 생물종이 한데 어우러져 먹고 사랑하고 경쟁하고 스러지며 순환하는 가운데 숲은 건강한 아름다움을 만들어갑니다. 이렇게 다양한 식생 구조와 생물상은 야생의 숲에서나 볼 수 있습니다.

숲의 나무들은 종류에 따라 여러 층을 이루고 있습니다. 숲의 뼈대를 이루는 기둥은 큰 나무들이 맡고 있습니다. 숲의 맨 꼭대기에 졸참나무처럼 키가 큰 나무가, 중간에는 나도밤나무처럼 조금 작은 나무가, 아래에는 작살나무처럼 작은 관목들이 어우러져 한 덩어리의 풍성한 숲을 이룹니다. 숲의 바닥에는 또 풀꽃들이 어우러져 중요한 역할을 하고 있습니다. 덕분에 함양상림은 다양한 종류의 곤충과 새들을 불러 모읍니다. 숲이 뭇 생명을 품어주는 것은 다종다양한 나무들이 어울려 커다란 집을 이루기 때문입니다.

함양상림에서 제일 많이 볼 수 있는 큰 나무는 졸참나무와 개서어나무입니다. 거대한 졸참나무 군락은 천년숲을 떠받치는 으뜸 기둥입니다. 그 늠름한 자태가 듬직한 아빠 같습니다. 개서어나무는 남부지방에서 흔히 볼 수 있다고 하지만, 상림처럼 다른 낙엽활엽수와 함께 떼로 모여있는 곳은 거의 없는 것 같습니다. 한 나무로 보면 흔하디흔하지만, 떼로 모여 소곤거리는 아름다운 개서어나무숲은 흔하지 않습니다. 함양상림의 개서어나무는 우아한 몸짓으로 섬세한 손가락을 펼치고 있습니다. 그 부드러운 아름다움은 마음 푸근한 엄마 같습니다. 이 밖에도 많이 볼 수 있는 나무는 당단풍나무, 윤노리나무, 나도밤나무, 사람주나무, 감태나무 등입니다.

나무도 그렇지만 야생성을 지닌 풀꽃과 버섯들은 특히 자연의 생태환경과 너무나 닮아있습니다. 이런 숲을 인공림으로 생각하자니 고개가 갸우뚱해집니다. 옮겨 심었다면 이 많은 야생의 식물종이 어떻게 해서 함양상림에 나타났는지 설명할 길이 없기 때문입니다. 어떤 열정 있고 눈 밝은 이가 흔하지도 않은 야생의 식물종을 여럿 찾아다가 세심하게 심었다고 보기도 어렵습니다. 그렇다고 이렇게 다양한 식물이 자연적으로 옮겨왔다고 보기는 더더욱 어렵습니다.

2019. 4. 17.   2016. 10. 20.   2020. 1. 8.

야생을 닮은 함양상림의 자연환경

　　함양상림에는 위천의 물길이 흘렀던 자연스러운 골의 흔적이 있습니다. 훼손이 심한 남쪽 숲에서는 볼 수 없지만, 중간에서 북쪽으로는 뚜렷합니다. 숲의 바닥에 가득한 강돌은 이곳이 홍수로 불어난 물이 쓸고 내려가던 너른 선상지였음을 말해줍니다. 강돌로 이루어진 자연스러운 골은 대관림(최치원 선생이 위천에 하천숲을 만들면서 지었다는 옛 이름)이 만들어지기 전에 이미 이런 형태였을 가능성이 큽니다. 물길을 숲 바깥으로 돌리고 나서는 선상지의 습지 기능이 멈추었고, 홍수가 나더라도 큰물이 예전처럼 쓸고 가지는 않았을 겁니다.

　　이렇게 놓고 볼 때 지금 숲속의 나무와 풀들 대부분은 대관림을 만들 때 이미 선상지에 살던 식물이라 추측할 수 있습니다. 야생 상태로 엉성하게 숲을 이룬 선상지에 둑을 쌓고 물길을 돌리고 나서 오랜 시간이 지나며

메마른 숲속에서 무리 지어 파란 새싹을 내미는
산자고 2019.3.16.

빽빽하게 모여 꽃을 피운 개맥문동 2020.7.26.

완전한 하천숲의 형태를 갖추지 않았을까 싶습니다. 그때부터 자라던 야
생의 나무와 풀꽃들이 숲에 그대로 이어져 왔다는 것이지요. 대관림을 조성
한 이유와 인공림에 대한 의문은 뒤쪽에 나오는 '천년의 비밀을 간직한 거
북돌의 미소'에서 좀 더 자세히 다루었습니다.

  이곳에서 볼 수 있는 또 하나는 하천을 따라 이동이 가능한 선상지
식생입니다. 2000년대 숲을 정비하면서 걷어 냈지만, 예전 상림에는 조릿대
가 무척 많았습니다. 아주 오래전에 홍수가 났을 때 병곡면이나 백전면의
산자락에서 조릿대가 떠내려왔다고 볼 수 있습니다. 버드나무류, 느릅나
무, 원추리, 개맥문동도 이렇게 유입될 수 있는 식물이라 생각합니다. 물길
에 실려 와 안착하면 얼마든지 뿌리내리고 살아갈 수 있을 만큼 생명력이
강한 식물이니까요. 실제 숲 안에는 물길이 흘렀던 골의 언덕을 따라 원추
리와 개맥문동이 여러 곳에 작은 군락을 이루어 살고 있습니다. 이것 또한
자연림의 흔적으로 볼 수 있습니다.

야생의 연륜이 느껴지는 함양상림 2022.4.12.

관심 밖에 있는 함양상림의 풀꽃

앞에서 강조했듯이 함양상림 나무 아래 사는 풀꽃들은 야생에서 볼 수 있는 종류가 상당히 많습니다. 눈여겨볼 만한 풀꽃은 현호색, 산자고, 연복초, 꿩의바람꽃, 개별꽃, 큰애기나리, 미나리냉이, 가는장구채, 도둑놈의갈고리 3종류, 벌깨덩굴, 광대수염, 긴사상자, 나도물통이, 큰꽃으아리, 털이슬, 짚신나물, 하늘말나리, 춘란 등등 넘쳐납니다. 특히 꿩의바람꽃이나 가는장구채, 하늘말나리 등은 깊은 산에서나 볼 수 있는 야생성이 강한 식물입니다. 하늘말나리와 춘란은 조경작업을 하는 과정에서 들어왔는지 원래 자라고 있던 것인지 확실하지는 않습니다. 몇 포기밖에 없어서 판단하는 데 조심스러움이 있습니다.

함양상림의 풀꽃은 마을숲이라는 작은 생태계에서 중요한 역할을 합니다. 그런데도 문화재청이나 군 행정 부서는 그동안 나무에만 관심을 기

꿩의바람꽃 2017.4.4.　　　　　　　　　가는장구채 2020.7.26.

울여 왔습니다. 풀꽃도 상림 생태계의 일부이며, 천연기념물입니다. 풀꽃에 관심이 없는 것은 숲 가꾸기와 목재의 이용에 초점을 맞춰온 대학의 옛 임학과도 마찬가지라는 생각입니다. 요즘은 얼마나 바뀌었을까요? 연구용역 논문에서도 풀꽃을 다룬 것은 보지 못했습니다. 사정이 이렇다 보니 함양상림의 풀꽃은 아무런 관심도 보호도 받지 못하고 있습니다. 숲 가장자리에 자라는 풀꽃은 오히려 잡초 관리의 대상이 되곤 합니다.

　　그러면 생태계에서 풀꽃이 하는 역할을 한번 알아볼 필요가 있겠습니다. 이도원 교수의 『흙에서 흙으로』라는 책을 참고했습니다. 숲 바닥에 풀이 무성하면 비가 올 때 물이 흐르는 것을 더디게 하고, 물을 품기도 합니다. 결국은 물이 땅속으로 스며드는 데 도움을 주는 것이지요. 또 흙이 씻겨나가는 것을 막아줍니다. 함양상림 바닥의 무성한 풀꽃은 물을 가두고 흙을 보호하는 역할을 하는 것입니다. 바닥이 퀭한 마을숲에서는 기대할 수 없는 일입니다.

　　이것이 전부가 아닙니다. 풀은 온갖 애벌레들의 좋은 먹이이며 보금자리이기도 합니다. 작은 나무와 풀들이 바닥을 풍성하게 덮고 있으면 동물의 보금자리도 됩니다. 또 풀은 바람에 떠도는 낙엽을 붙잡아 작은 벌레와 미생물의 먹이를 제공합니다. 작은 벌레와 미생물이 많아지면 새와 곤충이 찾아와 더욱 다양한 생태그물이 만들어지겠지요. 이들의 배설과 먹이 활동은 토양에 유기물을 남기게 되고, 결국은 땅에 양분을 되돌려줍니다. 그러면 풀이 더욱 잘 자라겠네요. 결과적으로 서로 필요한 것을 취하는 과정이 톱니바퀴처럼 맞물리며 선순환하는 되돌이 생태그물이 만들어집니다.

이처럼 풀은 생물을 불러들이고 땅심을 키우는 세심한 영역을 담당합니다. 우리의 피부와 같은 땅겉에서 제 역할을 다하는 매우 귀한 존재들입니다. 거기에다가 어떤 풀은 약초나 나물로 이용할 수도 있고, 조그맣고 오종종한 꽃이 피어나면 예쁘기까지 합니다. 물론 그 아름다움은 그것을 찾아보는 사람들만이 누릴 수 있습니다. 함양상림의 풀꽃들은 선상지 하천숲의 자연사를 밝히는 데도 중요한 몫을 하리라 생각합니다.

싹 트는 어린나무의 희망

함양상림에는 씨앗이 떨어져 자라난 어린나무가 많습니다. 참 반갑고 기쁜 일입니다. 한번은 작정하고 이 어린나무들 사진을 찍어봤습니다. 어느 집 자식인지 쉽게 알아볼 수 있는 나무도 있었지만, 꽤 헷갈리는 나무도 있었습니다. 나도밤나무의 떡잎은 도무지 연결고리가 떠오르지 않아 숲에 갈 때마다 살펴보기도 했습니다. 본잎이 나오는 과정을 쭉 지켜보면서 '아! 이것이 나도밤나무로구나' 하고 알게 되었습니다.

졸참나무 2021.11.6.

개서어나무 2016.5.1.

나도밤나무 2018.5.29.

당단풍나무 2016.7.26.

숲 아래 싹 트는 새로운 생명

숲 아래 싹 트는 새로운 생명은 숲의 희망입니다. 미래의 숲을 풍성하게 할 다양한 생명입니다. 하지만 어린나무가 큰 나무로 자라나려면 수많은 어려움을 이겨내야 합니다. 어린것이 보호받아야 할 일은 너무나 많습니다. 숲에서 수없이 떨어지는 도토리는 대부분 싹 트지 못합니다. 힘들게 싹 튼 어린나무도 목마름과 햇빛 부족과 곤충들의 공격에 끊임없이 시달립니다. 그 야생의 시련을 이겨낸 나무만이 당당히 숲의 일원이 됩니다.

2016년 가을에는 졸참나무 도토리가 많이 떨어졌습니다. 그래서 다음 해 봄에는 새싹이 튀어나오는 것도 아주 많이 보였습니다. 주민들의 손길을 피해, 다람쥐나 다른 동물들의 눈길을 피해 살아남은 도토리입니다. 도토리는 가을에 떨어지자마자 먼저 뿌리를 내려 땅에 박은 채로 겨울을 납니다. 맨 몸뚱어리와 연약한 뿌리로 모진 눈바람을 이겨냅니다. 봄 한 철 도토리의 생장은 긴박하기만 합니다. 봄이 오면 땅속에서 떡잎이 자라서 나오는 땅속 발아를 합니다. 떡잎은 땅속에 오래 머물면서 영양 공급을 담당합니다. 새싹을 내밀 때 양분 덩어리인 떡잎은 큰 힘이 됩니다. 덕분에 햇빛이 숲 아래까지 내려오는 짧은 시간에 재빨리 잎줄기를 키워낼 수 있으니까요. 낙엽활엽수로 이루어진 숲은 5월이면 이미 초록 잎이 무성해지면서 숲 바닥은 햇빛 부족에 시달립니다. 그전에 재빨리 햇잎을 키워내야 합니다.

새싹으로 자라난 어린나무들은 숲속에 햇빛이 들어오는 초봄 두 달 동안 그해 몸무게의 약 80%를 얻는다고 합니다. 1년 동안 자랄 몸무게의 80%를 그 짧은 시간에 키워내는 것입니다. 숲속의 어린나무는 스스로 광합성을 할 만큼 빨리 자라날수록 생존율이 높아집니다. 충분한 양분을 확보해야 천적으로부터 자신을 지켜낼 방어 물질인 페놀이나 타닌 성분을 만들 수 있습니다. 떡잎만으로는 모자랍니다.

다음 사진은 한 장소에서 싹을 틔우는 도토리를 계속 관찰한 것입니다. 4월 8일에서 4월 10일까지 이틀 만에 자라서 나온 햇잎의 차이가 뚜렷합니다. 그리고 다시 6일이 지나서는 햇잎이 완전히 펼쳐져서 초록색을 띠고 있습니다. 이처럼 봄 햇살이 들어오는 낙엽활엽수림 아래에서 도토리 새싹이 자라나는 속도는 대단히 빠릅니다. 어린 시절 한 철의 타이밍을 놓쳐버리면 생존의 기회는 다시 오지 않기 때문입니다.

2017.4.8.   2017.4.10.   2017.4.16.

졸참나무 도토리의 생장 변화

큰 나무의 수용력

함양상림에는 오래도록 살아온 아름드리 느티나무가 곳곳에 자리를 지키고 있습니다. 느티나무는 살림살이가 커서 나눌 수 있는 것이 참 많습니다. 이곳에서는 한 그루 느티나무의 너른 품이 수많은 생명을 감싸 안아 기릅니다.

2016년 12월 말 묵은 느티나무의 들썩이는 껍질을 떼어보았더니 무당벌레처럼 생긴 벌레 세 마리와 지네같이 생긴 조그만 벌레 한 마리가 나왔습니다. 집에 와서 곤충도감을 찾아보니 무당벌레라 생각했던 곤충은 느티나무비단벌레와 닮았습니다. 느티나무비단벌레는 떼를 지어 느티나무 껍질 안쪽에서 겨울잠을 잔다고 합니다. 괜한 호기심에 추운 겨울을 나고 있는 곤충의 보금자리를 망가뜨렸습니다. 곧 후회하는 마음이 들었지만, 이미 엎질러진 물입니다. 느티나무는 나이를 먹으면 껍질이 벌어져 들고 일어나는 특징이 있습니다. 이 껍질 틈새는 곤충들이 겨울 추위를 이기기 위해 찾아드는 보금자리가 됩니다.

서쪽 산책로 가에 있는 느티나무 고목의 갈라진 틈새에는 사초와 배풍등 같은 풀꽃들이 살고 있습니다. 오래되어 속이 썩은 나무가 저를 영양분 삼아 풀씨를 틔우고, 그들을 계속 먹여 살리는 것입니다. 또한 아름드리 팔을 벌린 큰 나무의 가지 사이에서는 수많은 새가 사랑을 나누고 둥지를 틀고 쉬어갑니다.

동쪽 산책로를 걷다 보면 상림에서 제일 큰 이팝나무가 곧게 서 있습니다. 속이 썩어서 곳곳에 구멍이 숭숭 나 있는 늙은 나무입니다. 이 앞을 지나칠 때면 늘 나무와 눈길 한 번 마주치곤 합니다. 문득 나뭇가지 사이로 가늘고 부들부들한 다람쥐 꼬리가 햇살에 빛나고 있는 걸 봅니다. 멈춰서서 자세히 쳐다보니 나뭇가지를 타고 노는 새끼 다람쥐입니다. 반가움과 호기심에 눈이 확 커졌습니다. 지금껏 상림에서 본 새끼들보다 더 작은 녀석들입니다. 나뭇둥걸을 타고 여기저기서 나타났다가 사라지곤 하니 몇 마리인지 셀 수가 없습니다. 세 마리는 확실히 넘을 것 같습니다.

아마도 이 새끼 다람쥐들은 늙은 이팝나무 구멍에서 태어나 겨울을 지낸 모양입니다. 자꾸만 쳐다보고 있으니 나무 구멍으로 숨었다가 얼굴을 내밀고 빤히 쳐다보는 모습이 귀엽습니다. 2021년 5월 초 상림운동장 다볕당 근처에서도 새끼 다람쥐들을 보았는데, 이번에는 2022년 4월 초에 보았으니 한 달은 빠릅니다. 해마다 함양상림의 고목에서 다람쥐들이 태어나고 있으니 참 고마운 일입니다.

늙은 이팝나무 구멍 위에 앉은 새끼 다람쥐 2022.4.2.

다람쥐 가족이 사는 늙은 이팝나무 2022.4.12.

느티나무 고목의 그루터기에서 자라는 제비꽃
2021.11.26.

곤충들의 겨우살이 집이 되는 느티나무 껍질 2020.1.31.

아름드리 고목 졸참나무들 2022.7.14.

여름철 거대한 참나무 둥치에서 흘러나오는 수액을 먹으러 오는 곤충은 많습니다. 수액은 체관부를 따라 이동하는 당분입니다. 뭇 곤충들에게 무한한 생명의 젖줄이 됩니다. 함양상림의 거대한 졸참나무에도 이 시큼하고 달콤한 냄새에 이끌린 곤충이 수없이 찾아옵니다. 얼마나 많은 곤충이 하나의 거대한 나무 아래 모여들까요?

큰 나무 한 그루는 죽어서도 뭇 생명의 양식이 되고 안식처가 됩니다. 딱다구리의 식탁이 됩니다. 사슴벌레 같은 곤충이나 미생물이 살기 좋은 환경이 됩니다. 나무의 단단한 조직이 허물어진 틈에서 먹이를 해결하고 둥

장수말벌 2021.9.9.

딱정벌레류 2021.7.31.

졸참나무 수액을 먹고 있는 곤충들

지도 틀 수 있으니까요. 이처럼 큰 나무 한 그루는 살아서도 죽어서도 자신을 키워낸 숲에 많은 혜택을 돌려줍니다. 큰 나무는 함께 나누는 공유의 삶을 실천하고 있습니다.

숲속에서 살아가는 버섯

함양상림에는 많은 종류의 버섯이 살고 있습니다. 그동안 사진으로 담은 것만 해도 61속 85종으로 전문가 확인을 거쳤습니다. 버섯 목록은 '함양상림 생물 목록'에 올려놓았습니다. 버섯은 종류에 따라 나타나는 시기가 달랐습니다. 장마철 숲 아래에서 나타났다가 사라지는 버섯이 있는가 하면 쓰러진 나뭇등걸에 붙어서 겨울을 나는 버섯도 있었습니다. 살아 있는 참나무의 잘려 나간 그루터기에서 돋아나는 버섯도 있었습니다.

등갈색미로버섯　2016.9.20.　　　　　간버섯　2017.10.26.

마귀광대버섯　2017.7.27.　　　　　뱀껍질광대버섯　2017.7.27.

뽕나무버섯부치　2017.9.2.　　　　　검은비늘버섯　2018.9.20.

벽돌빛뿌리버섯　2018.8.28.　　　　　구름버섯　2018.11.9.

버섯은 땅속에 있던 균사체가 포자를 퍼뜨려 번식하려고 피어난 꽃입니다. 땅속 균사체는 영양분이 적어지면 땅 위로 버섯을 피워올립니다. 역할에 따라 송이버섯 같은 공생균과 등갈색미로버섯 같은 부후균으로 나눌 수 있습니다. 함양상림에는 주로 식물을 분해하여 무기물로 돌려놓는 부후균류 버섯이 많이 보입니다. 갈색부후균은 식물의 세포벽을 이루는 셀룰로스를 분해하고, 백색부후균은 목질의 강도를 튼튼하게 해주는 리그닌을 분해합니다. 초식동물도 이 셀룰로스는 분해하지 못합니다. 그래서 장 속에 미생물을 키워야 셀룰로스 속의 영양분을 빼 먹을 수 있습니다. 셀룰로스는 탄수화물로 이루어져 있다고 합니다. 요즘 사람들은 살찐다고 멀리하지만, 탄수화물은 식물만이 만들 수 있는 생명의 귀중한 필수 영양소입니다.

버섯은 아무나 할 수 없는 분해자의 일을 해내고 있습니다. 물질계의 먹이사슬을 원점으로 돌려놓는 균형추 구실을 합니다. 함양상림에 이렇게 많은 종류의 버섯이 살고 있으니 생태계의 순환 작용과 생물 다양성을 이루는 데 큰 도움이 되지 않겠습니까? 버섯은 달팽이의 먹이가 되기도 한답니다. 하지만 사람들이 더 좋아하는 것 같습니다.

함양상림에 깃든 뭇 생명

함양상림에 찾아오는 새들은 상당히 많습니다. 먹을 것 있고, 살기도 좋은 울창한 숲이 있는데 새들이 마다할 이유가 없겠지요? 주변에 물이 많으니 물새도 많이 찾아옵니다. 함양상림에는 산새와 물새까지 수많은 새가 사랑을 나누고 가족을 키우며 살아갑니다.

2021년 12월 말 숲에 있는 새 둥지가 몇 개나 되는지 알아보기로 했습니다. 낙엽을 털어버린 나뭇가지에 훤히 드러난 둥지를 찾아 하나하나 사진을 찍었습니다. 둥지는 주로 늙은 졸참나무와 개서어나무에 있습니다. 함양상림에 제일 많으면서도 큰 나무들이라 깃드는 새도 많습니다. 사진을 분류해 보니 총 99개 이상의 둥지가 확인되었습니다. 나뭇가지로 지은 둥지 73개, 딱다구리가 판 것으로 보이는 구멍 둥지 20여 개, 다람쥐와 원앙이 살거나 살 것으로 보이는 그루터기 둥지가 6개입니다. 덤불이나 숲 아래는 찾아보지 못했고, 나뭇가지에도 사진에 담지 못한 둥지가 있었으니 실제로는 이보다 훨씬 많을 것입니다. 그러니까 얼마나 많은 새가 함양상림에 보금자리를 틀고 생명을 키우는지 모릅니다. 그동안 둥지에서 새끼를 키우는 걸 직접 관찰한 새는 큰오색딱다구리, 오색딱다구리, 동고비, 물까치, 멧비둘기, 검은댕기해오라기 등입니다. 늙은 졸참나무와 이팝나무에 둥지를 튼 다람쥐도 있습니다. 봄 숲에서는 다람쥐 가족을 심심찮게 볼 수 있습니다. 함양상림의 큰 나무들은 뭇 생명을 바다같이 받아주는 엄마의 품입니다.

2016년 11월 중순, 숲에서 족제비 한 마리를 보았습니다. 족제비는 함화루 뒤편 짙어가는 어둠 속에서 고개를 내밀다가 나와 눈길이 마주쳤습니다. 인기척에 화들짝 놀라며 푸른 꽃무릇 풀숲에서 황급히 몸을 숨겼습니다. 그 2주 전쯤에도 한 마리를 보았었습니다. 한번은 숲속에서 커다란 짐승이 놀라 후다닥 뛰는 소리를 들었는데 고라니로 의심이 됩니다. 고라니 똥은 숲에서 여러 번 확인되었습니다. 그동안 숲속에서 찍은 똥 사진으로 다른 동물도 찾아보았습니다. 삵과 너구리 같은 육식동물이 다녀간 흔적이 보입니다. 함양상림에 이런 동물들이 드나들 수 있다니요? 매우 놀랍

너구리 2019.3.28.

삵 2020.1.1.

고라니 2018.11.29.

여러 동물의 배설물

습니다. 삵의 똥으로 보이는 것은 위천 수원지 곁 풀숲에서 보았습니다. 나머지 동물의 똥은 낙엽 위 훤하게 뚫린 풀숲에서 보았습니다. 너구리 똥으로 보이는 것은 여러 번 다녀간 듯이 한곳에 가득 모여있습니다. 확대해 보니 동물의 털과 돌감나무 씨앗과 작은 씨앗들로 가득합니다.

위천 수원지에는 수달이 살고 있습니다. 2016년 가을에서 2017년 봄 사이 수원지를 헤엄쳐 다니는 수달을 몇 번 보았습니다. 연밭 관리인이 알려주기로는 사운정 옆에 있는 연못에도 숲속 개울에도 온다고 합니다. 2022년 위천에서 보았다는 이야기도 들었습니다. 그러나 수달은 2017년 이후로 쉽게 얼굴을 보여주지 않았습니다.

2022년 12월 초, 드디어 수달을 볼 기회가 왔습니다. 그것도 바로 눈 앞에서요. 최종 원고를 마감하기 직전 기가 막힌 타이밍입니다. 낮 11시쯤 사운정과 연못 사이 개울에서 무언가 움직이는 것을 발견했습니다. 고양이보다 약간 큰 동물입니다. '수달이구나!' 하고 알아차리는 순간 온 신경을 집중하여 카메라를 들이댔습니다. 함양에서 활동하는 '수달 아빠' 최상두

위천 수원지에 나타난 수달 2017.3.7.

사운정 옆 숲속 개울에서 물고기를 잡아먹는 어린 수달
2022.12.7.

선생에게 사진을 보여주니 올해 여름쯤에 태어난 어린 수달이라고 합니다. 이 녀석은 나와 눈이 마주쳤는데도 아랑곳없이 물고기를 잡아먹기 바쁩니다. 덕분에 가까이서 관찰할 수 있었습니다. 낙엽 쌓인 얕은 물에 고개를 들이밀고 다니더니 금방 물고기 한 마리를 물고 나와 돌틈에서 꿀꺽 먹어 치웁니다. 그러기를 한참 동안 정신없이 하더니 지나가는 사람들의 인기척에 몸을 숨깁니다. 다시 고개를 빼꼼 내밀더니 호기심 어린 눈으로 빤히 바라봅니다. 그러고는 이내 눈을 감고 하품을 해댑니다. 배불리 먹고 나니 식곤증이 오는 모양입니다. 하도 진귀한 모습이라 점심 먹고 오후에 또 가봤습니다. 어린 수달은 손쉬운 식사에 홀려 아직도 근처에서 고개를 들이밀고 있습니다. 3시간 전에 그렇게 배불리 먹어놓고 아직도 배가 고픈 모양입니다. 수달이 대식가라더니 정말 그런가 봅니다. 어미는 보이지 않고 아까부터 혼자서 활동하고 있습니다. 세상 물정 모르고 혼자 숲속 개울로 찾아든 어린 수달은 온갖 생태활동의 모습을 한순간에 보여주었습니다. 덕분에 황홀하고 짜릿한 만남을 이루었습니다. "반가워 수달!" "고마워 안녕!"

물고기를 포식하고 나서 하품하는 어린 수달 2022.12.7.

생명의 숲 함양상림

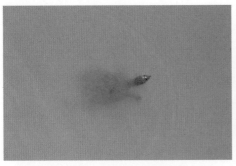

위천 수원지에서 고개를 내미는 자라 2020.6.16.

바위 위에서 몸을 말리는 자라 2022.7.14.

손바닥연못에 나타난 붉은귀거북 2017.4.2.

위천 바위 위에서 몸을 말리는 붉은귀거북 2022.7.14.

    천년교 위에서 내려다보면 가끔 자라를 발견할 때가 있습니다. 수면 위로 떠올랐다가 눈길이 마주치면 황급히 물속으로 사라지곤 합니다. 남생이와 같이 예전부터 우리 강에서 살아온 토종 거북의 한 종입니다. 더운 여름날에는 바위 위에 올라와 납작 엎드려 몸을 말리는 것도 볼 수 있습니다.

    붉은귀거북도 위천에 많이 살고 있는 것 같습니다. 역시 바위 위에 올라와 몸을 말리는 것을 봅니다. 그런데 세 마리가 떼로 모여있습니다. 가운데 암컷 원앙 한 마리도 함께 어울려 쉬고 있는 것이 재미있군요.

    숲 동쪽 산책로 중간쯤에 비오톱 같은 손바닥연못이 있습니다. 2017

년 봄, 이 연못에 붉은귀거북이 나타났습니다. 위천에서 숲속 개울을 따라 손바닥연못까지 들어온 것 같습니다. 이 거북은 늦가을 손바닥연못에 물이 마르고 나서 보이지 않았습니다. 붉은귀거북은 미시시피강이 고향인데 애완용이나 방생용으로 들여온 것이 야생으로 퍼져 나가게 되었다고 합니다. 낯선 환경에 억지로 떨어졌을 때 얼마나 두렵고 힘들었을까요?

함양상림에는 나비와 나방을 비롯한 다양한 곤충이 살고 있습니다. 먹이를 찾는 새들이 모여드는 가장 큰 이유입니다. 2002년 함양상림의 곤충을 연구한 학위논문(이승근)에 따르면 함양상림에서 볼 수 있는 곤충 수가 220종이나 됩니다. 남해 망운산, 진주 월아산, 거창 금원산보다 많다고 합니다. 숲 바깥으로 위천이 흐르고 숲 가운데로는 개울이 흐르고 있어 물고기와 수서곤충도 많습니다.

함양상림의 여름은 매미 소리로 가득합니다. 해마다 6월 말쯤이면 숲에서 첫 매미 소리를 듣습니다. 관찰일지에 적힌 날짜를 보니 6월 23일에서 27일 사이입니다. 7월 초가 되면 우기에 젖은 숲의 물도랑 위로 뽀얀 물안개가 번지고, 여기저기서 수컷 매미들이 자신의 존재를 알리는 합창을 합니다. 물도랑은 힘을 얻어 우렁차게 흘러가고, 매미도 이에 질세라 한껏 목청을 돋웁니다. 살아있는 자연의 소리가 귀청을 때리는 무성한 여름 풍경입니다. 한여름을 울리던 매미 소리는 8월 말이 되면 줄어들기 시작합니다. 그래도 9월 중순까지는 간간이 매미 소리를 들을 수 있습니다.

매미는 햇빛과 온도가 적당히 유지될 때 활동합니다. 매미 소리는 수컷이 생식을 위해 암컷을 부르는 사랑의 노래입니다. 매미들도 밤에는 울지

숲속 개울에 서식하는
물잠자리 암컷 2021.5.19.

물도랑에 앉은 참나무산누에나방
2020.7.30.

네발나비
2019.3.19.

화살나무잎에 붙은
노랑배허리노린재 2017.9.20.

교미하는 왕잠자리
2019.9.3.

풀대 끝에 앉은 흰얼굴좀잠자리
2019.8.27.

보리수꽃에 앉은 제비나비류
2020.5.1.

보리수꽃에 앉은 어리호박벌
2020.5.1.

고마리꽃에 앉은 줄점팔랑나비
2020.10.2.

않습니다. 밤이 되면 쉬는 것이 낮에 활동하는 생명의 순리입니다. 하지만 요즘 도심에서는 밤에도 매미들이 악을 쓰고 우는 소리를 듣습니다. 도심의 소음 때문에 수컷 매미는 절박하고 간절한 마음이 커집니다. 매미는 태어나 바깥 풍경을 볼 수 있는 한 달 안에 짝을 찾아 사랑을 나누어야 합니다. 옆구리의 울림판을 더 세게 떨어야 하는 이유입니다. 생명에게 후손을 남기는 일보다 중요한 것은 없습니다.

　매미들도 쉬어가면서 웁니다. 울림판을 떠는 일이 막대한 에너지를 소비할 테니 계속해서 울 수는 없습니다. 그래서 도심의 시끄러운 매미 소리도 조용해질 때가 있습니다. 그러나 그것도 잠시, 한 마리가 울면 다른 매미들이 따라서 우는 것을 봅니다. 앞선 것을 따라가는 생명의 무리 행동이 아닌가 싶습니다. 또한 무리에서 뒤처지면 경쟁에서 질 수 있다는 불안 심리 같은 걸 겁니다.

　그동안 함양상림에서 7종의 매미를 확인했습니다. 참매미, 쓰르라미, 유지매미, 애매미, 털매미, 소요산매미, 말매미입니다. 그중에서도 말매미와 애매미 소리가 제일 많이 들립니다. 말매미는 위천 강둑의 왕벚나무에서 큰 소리로 울어대는 것을 자주 볼 수 있습니다. 쓰으~름 쓰으~름 하고 우는 쓰르라미 소리는 주로 저녁때 숲을 걸으면 들을 수 있습니다. 가끔 아침이나 한낮에 울기도 합니다. 맴맴 매앰~ 하고 우는 참매미 소리는 아주 가끔 들을 수 있습니다. 요즘 남부지방에서 참매미 소리가 줄었다고 하는데 한적한 산골 마을에 가면 종종 들을 수 있기는 합니다. 참매미 소리에는 오래된 감성을 건드리는 정겨움이 있습니다. 어릴 적 시골에서 듣던 소리라 그런가 봅니다.

　함양상림에 나가면 무당거미가 집을 짓고 있는 것이 많이 보입니다. 안개 자욱한 가을 아침 숲에 나갔더니 거미줄에 물방울이 맺혀 거미줄이 고스란히 드러났습니다. 순간 '먹이가 걸리지 않으면 거미는 아침 식사를 공치지 않을까?' 하는 생각이 머리를 스칩니다. 2021년 가을날 상림우물 곁에 무당거미가 많이 보입니다. 여기저기 거미집을 지어놓고 먹이가 걸리

말매미 2019. 8. 13.

애매미 2018. 8. 10.   유지매미 2019. 8. 5.   털매미 2018. 7. 20.   소요산매미 2021. 8. 11.

기를 기다리고 있습니다. 어떤 거미줄에는 조그마한 녀석이 집을 지키고,
또 어떤 거미줄에는 큰 녀석이 있습니다. 크고 화려한 것이 암컷입니다. 화
려한 무늬는 배 쪽에 있고 등 쪽에는 연두색 바탕에 수수한 무늬가 있습니
다. 가만 생각해보니 등보다는 배 쪽이 천적의 공격에 더 위험할 수 있겠습
니다. 모자라거나 허약한 것이 오히려 화려함을 드러내려는 심리겠지요?

△수컷 2016.9.14.　　　▷암컷 2019.9.30.

아랫배 부분이 화려한 무당거미

　　거미는 거미줄의 진동으로 생존의 정보를 얻고 의사소통한다고 합니다. '주디스 콜'과 '허버트 콜'이 쓴 『떡갈나무 바라보기』라는 책에는 흥미로운 내용이 있습니다. "불투명한 덮개가 여덟 개의 눈을 덮고 있지만, 거미들은 짝을 짓고 먹이를 찾고, 적을 피해 도망가기도 하면서 꼭 눈이 보이는 것처럼 살아간다." "어미 거미가 새끼 거미를 부를 때에는 거미줄을 살짝 부드럽게 흔들지만, 경고를 할 때에는 뒷다리를 재빨리 움직여 거미줄을 짧고 격렬하게 흔든다." 빗방울이 떨어지는 날 무당거미가 거미줄을 짧고 격렬하게 튕기는 걸 본 적이 있습니다. 거미는 진동을 미세하게 구분하는 놀라운 촉각의 소유자입니다. 진동의 차이로 먹이가 걸린 것인지 바람 때문인지, 그것도 아니라 사랑을 찾아오는 거미인지도 알 수 있으니까요.

　　거미가 서로 다른 진동을 예민하게 알아차릴 수 있는 것은 아마도 눈이 퇴화하였기 때문일 것입니다. 진동을 감지하는 촉감은 무척 예민하고 깊은 감각입니다. 시각은 우리에게 많은 정보를 주지만, 세밀함에서 결함

가을날 아침 이슬이 맺힌 무당거미 집과 무당거미 2017.10.25.

을 지니기도 합니다.

거미줄을 자세히 보면 씨줄과 날줄이 있습니다. 옷감을 짜는 직조 원리와 같은 듯싶습니다. 가운데로 통하는 날줄에는 끈기가 없다고 합니다. 그래서 거미는 이 줄을 타고 이동합니다. 둥그런 모양을 한 씨줄에는 끈기가 있어 곤충이 걸렸을 때 빠져나가지 못하도록 잡아주는 역할을 한답니다.

거미줄은 사람이 매달려도 될 만큼 질긴 섬유라고 합니다. 이인식 지식융합연구소장이 지은 『자연은 위대한 스승이다』에 보면 인공 합성한 거미줄은 인공 힘줄, 외과수술 부위 봉합 재료, 심지어는 낙하산이나 방탄조끼, 현수교의 사슬에도 이용될 수 있다고 합니다. 고강도 거미줄의 특성을 연구하여 여러 가지 산업에 활용하는 것이지요. 이러한 거미줄의 고유한 특성을 기발하게 살린 영화가 〈스파이더맨〉 아니겠습니까? 이처럼 곤충의 생활상에는 기상천외한 아이디어가 정말 많습니다.

2018년 처음으로 함양상림에서 여러 마리의 꽃매미를 보았습니다. 이때부터 갈색날개매미충과 꽃매미에 관심을 가졌습니다. 꽃매미는 주로 가죽나무의 즙을 빨아 먹고 산다고 합니다. 위천 둑에는 어린 가죽나무가 많습니다. 남쪽 비석거리에 있는 커다란 가죽나무에서 날아온 씨앗이 번식한 것으로 보입니다. 약수터 근처 어린 가죽나무 잎줄기에 꽃매미들이 여름 내내 붙어있었습니다. 이 꽃매미는 8월 말까지 볼 수 있었습니다. 그 뒤로 가죽나무는 힘을 잃은 듯 시들해져 잎을 모두 떨구었습니다.

이 꽃매미들을 숲에 나갈 때마다 관찰해보았습니다. '이 녀석들은 왜 꼼짝하지 않고 계속 여기 붙어있을까?' 하고 궁금해서 손가락을 갖다 대니 툭 튀어서 근처에 앉습니다. 잡아서 나무의자 위에 놓았더니 바깥 날개를 펼쳐 붉은 속날개를 드러내고 한참을 그대로 있습니다. 감추어 두었던 화려한 무늬는 천적을 위협하는 경고색입니다. 실제로 꽃매미는 몸에 독을 갖고 있습니다. 한참 지켜보다가 또 손가락을 대니 포르르 날아가 버립니다. 꽃매미는 매미처럼 소리를 내어 울지 않습니다. 그래서 조용하기는 한데 떼를 지어서 모여 삽니다. 이것이 나무에 더 치명적입니다. 매미나 꽃매미나 모두 나무의 수액을 빨아먹고 살기 때문입니다. 가죽나무도 꽃매미도 중국이 고향입니다. 기주식물과 곤충이 낯선 타국에서 극적으로 만났습니다. 꽃매미는 반가웠을지도 모르겠고, 가죽나무는 두려움에 떨었을지도 모르겠습니다.

갈색날개매미충 애벌레는 작은 꽃송이를 닮았습니다. 자세히 보면 여섯 개의 발과 입, 눈도 보입니다. 하지만 너무 작아서 사진을 찍거나 루

꽃매미 어른벌레
2019. 8. 13.

무당거미에게 잡아먹히는 꽃매미
2019. 8. 13.

갈색날개매미충 어른벌레
2016. 8. 10.

폐로 확대해 보아야 할 정도입니다. 바닥을 기어갈 때 위협을 느끼면 떨어진 꽃송이처럼 위장하고 꼼짝하지 않습니다. 꽃매미 어른벌레와는 다른 생존 전략이란 걸 알 수 있습니다. 손을 갖다 대니까 30㎝ 이상 톡 튀면서 높이뛰기를 합니다. 약한 생명이 살아가는 묘수는 기발하고 놀랍습니다. 갈색날개매미충 애벌레도 어린 나뭇가지의 수액을 빨아 먹습니다. 함양상림에서는 때죽나무에 많이 붙어있었습니다.

KBS 〈환경스페셜〉을 보니 꽃매미는 2006년 청주, 천안 등 중부지방에서 처음 발생했다고 합니다. 그리고 3년 만에 전국으로 확대되었습니다. 중국 남부지방에서 살던 것이 기후 온난화의 영향으로 우리나라에도 들어왔습니다. 기온이 따뜻해지니까 겨울에도 얼어 죽지 않고 월동을 합니다. 특히 문제가 되는 것은 많은 숫자가 한꺼번에 대량 발생하는 것입니다. 포도밭 등 과수원에 큰 피해를 안긴다고 합니다.

꽃매미와 갈색날개매미충은 요즘 우리 사회에 문제가 되는 외래곤충입니다. 여기에 미국선녀벌레까지 더해 삼총사입니다. 마을에도 과수원에도 야산 숲에도 막 나타나고 있습니다. 최근 들어 함양상림도 이 외래곤충에게 위협받고 있습니다. 기후 위기와 생태환경의 파괴 그리고 이것들과 깊은 관계를 맺고 있을 바이러스의 출현에 대해서도 생각해보게 됩니다.

생물 다양성과 생태계의 순환

대략 2억 년 전에는 꽃을 피우지 않는 겉씨식물의 세상이었습니다. 양치류와 침엽수 구과류 같은 식물들입니다. 원시적 형태의 유성생식이 있었지만, 식물 대부분은 자신을 복제하는 무성생식으로 번식했습니다. 아메바, 짚신벌레처럼 자신을 나누어 유전적으로 똑같은 새로운 개체를 끊임없이 만드는 것입니다. 겉씨식물로 덮인 세상은 공룡이 어슬렁거리는 단조롭고 칙칙한 흑백 세상이었습니다.

꽃을 피우는 속씨식물은 1억 4천만 년 전에 등장해 공룡이 멸종한 6,500만 년 전부터 번성했습니다. 속씨식물의 등장은 생물 다양성을 폭발적으로 늘렸습니다. 속씨식물은 다양한 형태와 색감을 갖고 향기로운 꽃을 피웠습니다. 서로 다른 꽃에서 날아온 암·수술이 만나 유성생식을 한 결과입니다. 꽃은 꽃가루 매개 곤충과의 소통을 위해 창의적인 자기 변신을 시작합니다. 복잡하고 다양한 공진화의 시계가 서로에 의존하며 빠르게 돌아갔습니다.

꽃가루를 먹고 꿀을 빠는 곤충의 활동이 늘어나면서 양서류, 파충류, 조류, 포유류 등의 상위 포식자도 앞다투어 등장합니다. 다양성으로 가득한 아름다운 자연의 생태계가 만들어졌습니다. 꽃가루받이를 돕는 많은 종류의 벌 덕분에 농경 활동도 원활해졌습니다. 그 바탕 위에 인류는 산업을 발전시키며 지금에 이르렀습니다. 『꽃은 어떻게 세상을 바꾸었을까?』라는 책에서 윌리엄 C. 버거는 다음과 같이 말합니다. "꽃을 피우는 식물이 인간 종족을 성공적으로 번성케 하는 데 얼마나 중요한 역할을 했는지 이해하는 사람이 거의 없다." 이 책은 저명한 식물학자인 저자가 자연을 사랑하는 데 바친 평생에 관한 기록이라 합니다. 우리는 꽃을 피우는 식물이 얼마나 대단한 일을 해냈는지 알지 못하는 것 같습니다.

그러면 유성생식, 성(性)을 통해 부모의 유전자를 재조합하는 유전적 다양성은 또 어떤 중요한 의미를 지닐까요? 나무의사 우종영의 『바림』에서 우리가 즐겨 먹는 감자에 관한 이야기를 하나 가져왔습니다. 한때 감자는 유럽에서 인류의 식량으로 어마어마한 인기를 끌었습니다. 이 덕분에 감자는 역설적으로 유전적 다양성의 중요성을 인류에게 각인시킨 농작물이 되었습니다. 원래 감자는 고대 잉카인들이 재배하던 농작물이라고 합니다. 스페인 군대가 이 감자를 좋은 품종만 골라 가져가서 유럽 대륙, 특히 아일랜드 전역에 재배했습니다. 감자는 배고픔을 잊게 해준 고마운 농작물이 되었습니다. 그런데 감자 역병이 돌자 농사는 엉망이 되었습니다. 이때 굶어 죽은 사람이 100만 명을 넘었다고 합니다. 단일한 품종을 계속해서 같은 땅에 심은 무성번식의 결과였습니다. 잉카인들이 재배했던 감자 종류는 3,000종에 가까웠다고 합니다. 못난 놈, 이상한 놈, 유별난 놈이 어우러져야 다양한 유전형질을 보전할 수 있겠네요. 그래야 질병이나 기후변화 같은 극한 상황에서도 멸종하지 않고 살아남을 수 있습니다. 성의 결합을 통한 유전적 다양성이 얼마나 중요한지 고대 잉카인들은 알았던 것 같습니다.

생물 다양성의 중요성을 알아차린 현대 인류는 전 세계에 흩어진 다양한 식물의 씨앗을 한곳에 모아서 종자은행과 종자저장소를 만들었습니다. 한때 전 세계를 식민지로 삼았던 서양 열강이 씨앗의 중요성에 먼저 눈을 폈습니다. 영국의 '큐 왕립식물원'이 대표적입니다. 이곳에는 멸종위기에 대비해 식물의 종자를 보관하는 '밀레니엄 종자은행(Millennium Seed Bank)'이 있습니다. 세계에서 가장 규모가 크며, 약 2만 5,000종의 종자를 보관하고 있다고 합니다. 유엔은 2008년 2월 노르웨이 스발바르에 '국제종자저장소(Svalbard Global Seed Vault)'의 문을 열었습니다. 세계 각국 정부, 연구기관, 유전자은행 등에서 보내온 종자 88만여 종을 보관하고 있습니다. 지구상에 닥쳐올 재앙에 대비한 '노아의 방주'라고 불립니다. 멸종위기의 재앙이 아니고서는 저장소의 문이 열리지 않는다는 의미입니다. 우리나라도 야생식물 종자를 영구적으로 저장할 수 있는 국제종자저장소를 운영하고 있습니다. 2015년 12월 국립백두대간수목원에 문을 열었습니다. 시드뱅크(종자은행)는 필요할 때 마음대로 꺼낼 수 있는 시설이고, 시드볼트(종자저장소)는 긴급상황에서만 꺼낼 수 있는 시설입니다. 시드뱅크는 전세계 1,000여 곳이 있지만, 시드볼트는 현재 스발바르와 백두대간 두 곳뿐입니다. 이것으로 식물종 다양성이 미래 시대에 얼마나 중요한 역할을 할지 짐작해볼 수 있습니다. 때와 사정에 따라 한 종의 생명이 커다란 역할을 할 수도 있습니다.

꽃을 피우는 식물과 유성생식 덕분에 다양한 생명이 늘어난 만큼 복잡하게 얽힌 먹이사슬은 생태계 순환에 중요한 역할을 합니다. 먹이사슬은 원형으로 돌아오는 순환구조를 갖추고 있습니다. 돌아오지 못하면 기능이 정지됩니다. 생태계 구조는 먹이사슬을 따라 에너지의 흐름과 물질의 순환이 일어납니다. 먹이사슬은 '모자라는 것을 채운다'는 욕구 본능 때문에 일어납니다. 온전하게 꽉 차 있는 것보다 뭔가 모자라는 곳에서 더 활발한 생명현상이 일어나는 것이죠. 이런 에너지 흐름에 따라 생물 간의 영양소는 공간 이동을 하기도 하고 물질 이동을 하기도 합니다. 이 돌고 도는 순환 구조가 건강한 생태계를 만들어간다는 얘기입니다. 그러면 먹이사슬의 관계를 한번 살펴보겠습니다.

식물의 잎에서 광합성으로 만들어진 유기물(잎줄기, 꽃, 열매 등)은 초식동물의 먹이가 됩니다. 곤충들은 다시 크고 작은 새와 육식동물의 먹이가 됩니다. 목숨이 다한 육식동물은 다시 균류나 미생물이 분해하여 무기물로 돌려놓습니다. 식물의 먹이가 되는 것이지요. 하지만 자연의 먹이사슬은 정해진 틀을 따라 직선상으로 하나의 피라미드 형태로 올라가지 않습니다. 다양한 구조에서 출발하여 다양한 피라미드 형태로 나아갑니다. 이것은 진화가 일직선상의 계단형으로 이루어지는 것이 아니라 다양한 형태의 나뭇가지 구조를 이루며 분화해 나가는 것과 비슷한 현상입니다.

함양상림은 먹이사슬의 순환구조를 웬만큼 갖추고 있습니다. 상위 포식자 포유동물은 잠깐잠깐 다녀가는 것으로 보입니다. 토끼나 고라니 같은 초식동물이 늘어날 일도 거의 없어 보입니다. 그래서 식물에 크게 위협이 될 일은 없어 보입니다. 그렇다면 상위 포식자는 자연스럽게 새가 될 터인데, 함양상림은 식물을 먹고 사는 곤충과 맹금류를 제외한 새들의 먹이사슬, 미생물과 균류의 분해작용이 순환하고 있는 것으로 볼 수 있겠습니다.

오직 하나뿐인 마을숲의 내력

— 문화적 사연이 넘치는 천년숲

함양은 예전부터 심심산골로 기억됐습니다. 지금이야 교통이 좋지만, 예전에는 찾기 힘든 오지였습니다. 하지만 이젠 심심산골이 더욱 필요하고 소중한 세상이 되었습니다. 2020년 초 팬데믹(pandemic)으로 덮쳐온 코로나는 자연환경의 소중함을 일깨워주었습니다. 인류와 자연환경은 하나로 연결된 운명공동체라는 사실을 말입니다. 그러니 앞으로 지구 자연환경에 대한 관심은 더욱 높아져야 하겠지요.

함양은 지리산을 끼고 1,000m가 넘는 산들이 즐비하여 맑고 아름답습니다. 함양읍 중심지에는 함양상림이라는 천년의 숲이 자리 잡고 있습니다. 도심에 있어 접근성도 좋고 숲길도 평탄하여 걷기에도 아주 좋습니다. 해발 고도 170~180m에 하천을 따라 1.6km나 늘어서 있습니다. 폭은 80~200m로 남북으로 긴 띠 모양입니다. 담담하게 숲을 받치고 선 고목들의 나이는 100~200년 정도라고 합니다. 숲의 규모만 103,532㎡(3만 4천여 평)입니다. 규모로 봐도 조성 시기로 봐도 전국에서 으뜸입니다.

마을숲은 주로 주민이 필요해서 만든 인공림입니다. 야생의 숲과 달리 심어진 나무의 종류가 그리 많지 않습니다. 소나무나 (개)서어나무 등 한 종류의 나무만으로 이루어진 마을숲도 있습니다. 소나무, 느티나무, 팽나무, 산벚나무, 왕버들, 참나무, (개)서어나무 등 몇 종의 나무만으로 된 마을숲도 많습니다. 또 대부분의 마을숲은 아래에 관목이나 풀꽃이 거의 없는 단층림입니다. 큰 나무로만 숲을 이루어 맨흙이 휑하게 드러나는 경우가 많습니다. 소나무로만 이루어진 하동송림과 서어나무로만 이루어진 남원 행정리숲이 그렇습니다. 남해 물건리 마을숲은 숲 아래 관목과 풀꽃이 살고 있지만, 생태계는 단조롭고 숲도 넓지 않습니다. 이는 전국의 다른 마을숲도 거의 비슷합니다.

반면 함양상림은 완전히 다른 마을숲의 모습을 보여줍니다. 함양상림에는 심었다고는 볼 수 없는 다양한 종류의 식물이 살고 있습니다. 위와 아래, 중간의 복층 구조를 이룬 숲의 생태계는 야생 상태에 가깝습니다. 곤충과 새들은 또 어떻습니까? 이처럼 생물 다양성이 뛰어난 마을숲은 전국 어디에서도 찾아볼 수 없습니다.

함양상림은 신라 말부터 1,120여 년의 오랜 시간 동안 주민과 함께해 왔습니다. 오래전부터 다양한 역할과 기능을 해온 마을숲입니다. 규모와 용도를 보면 고을숲이라 해야 하지만, 그냥 편하게 '마을숲'이라고 부릅니다. 그러면 마을숲은 어떤 곳일까요? 우리 마을숲은 마을공동체의 여러 의미가 스며있는 복합생활문화 공간입니다. 농경사회의 문화를 품고 주민과 깊은 관계를 맺는 숲입니다. 마을을 살기 좋게 하려는 주민의 마음과 애정이 듬뿍 담긴 숲입니다. 자연의 모습을 그대로 닮아 보기에도 편

생명의 숲 함양상림

함양상림 입구 전경 2021.11.23.

안합니다.

마을숲은 마을 어귀나 뒷동산 또는 마을 주변에 주로 만들었습니다. 하천이나 해안가 마을에 나타나기도 합니다. 홍수나 바람 등 자연재해를 막거나 모자라는 마을의 기운을 보완하는 비보풍수를 위한 목적이 컸습니다. 마을 주민은 대를 이어 살아오면서 산세와 지형, 지질, 식생에 따른 마을의 자연풍토, 기후와 생활환경, 자연경관이 조화롭지 못하거나 모자라는 부분을 보완하여 마을을 살기 좋게 가꾸었습니다. 여기에 문화적 특성이 결합하여 지역에 따라서 전혀 다른 경관으로 나타나게 됩니다. 이것은 그 지역 마을숲만의 독특한 아름다움이기도 합니다.

마을숲은 외부로부터 불어오는 거친 바람을 막아 마을의 기온을 따뜻하게 합니다. 바람을 막고 물을 가두어 마을 주민을 보호할 뿐 아니라 들판의 농작물이 잘 자라게도 합니다. 뜨거운 여름에는 온도를 낮추고 시

복층 구조로 다양한 생명이 작은 생태계를 이룬 함양상림 2018.4.18.

원한 그늘막이 되기도 합니다. 지기(地氣)를 돋우고 수해를 방지하며, 외부에서 마을이 훤히 드러나지 않게 감싸고 보호합니다. 마을을 엄마의 품처럼 감싸는 울타리입니다. 또한 마을의 안과 밖을 구분하여 튼튼한 경계를 지어줍니다. 이 경계는 마을의 출입문으로 통과의례를 위한 의식의 장소이기도 했습니다. 이곳에서 마음가짐을 바르게 하고 수호령에 예를 올림으로써 기운을 정화하는 것입니다. 또 마을숲은 마을에서 마주 보이는 지형·지세의 흉한 상을 막는 역할도 합니다.

　　마을숲은 고대의 수목신앙과 맥이 닿아있습니다. 하늘과 인간을 이

어주는 매개자로서 산정의 나무를 신성하게 여긴 것이지요. 여기에서 숲에
대한 고대인의 경외심과 토착신앙적 우주관을 엿볼 수 있습니다. 수목신
앙은 전 세계 고대 인류에게 공통적으로 나타납니다. 고대로부터 인간은
신성한 숲을 정해두고 하늘에 제의를 올렸습니다. 거대한 자연의 힘 앞에
순응해왔습니다. 간절한 염원을 하늘에 전하여 몸과 마음의 안녕을 바라
고, 공동체의 질서를 유지하였습니다. 사회인류학자 프레이저는 고대인의
수목숭배가 토착신앙적 우주관이라고 밝혔습니다. 이 토착신앙적 우주관
은 심리학자 융의 집단무의식으로 설명할 수 있습니다. 서로 다른 여러 집

단이 가지는 같은 기억이 시간과 공간을 초월해 전파된다는 것입니다. 이것이 고대 인류의 수목숭배가 전 세계적으로 나타나는 이유라 할 수 있습니다.

고대인들이 가졌던 우주관으로 볼 때 신성한 나무는 하늘과 세상, 자연과 인간을 이어주는 연결고리가 됩니다. 하늘이 내려온 천산의 산정은 산맥을 따라 자연스럽게 마을숲으로 이어집니다. 백두산을 천산이라 한다면 백두대간은 전국의 마을로 이어지는 산줄기라 할 수 있습니다. 함양상림이라는 마을숲도 오랜 수목신앙의 바탕 위에 놓여 있습니다. 최치원을 기리는 정자 사운정에서 지내는 고유제나 기원제도 이러한 토속신앙적 배경을 갖고 있습니다. 백두대간이 남덕유산에서 갈라지며 백운산, 오봉산을 거쳐 천령봉(556m)으로 하늘의 기운을 이어 놓았습니다. 천령봉은 함양군에서 고유제나 기원제를 지낼 때 성화를 붙여 오는 곳입니다. 천령봉이라는 이름은 함양의 옛 이름 천령에서 왔음을 짐작할 수 있습니다.

그뿐만 아니라 함양상림에도 예전에 별도의 제의 공간이 있었습니다. 함양군에서 발행한 『함양구비문학』에 실린 주민의 제보에 따르면, 함양상림에는 사람들의 왕래가 잦았던 우물이 있는 길목의 경계에 돌무더기 당산이 있었다고 합니다. 해마다 정월 초나흗날 새벽에 음식을 장만하여 함양읍 전체의 당산제를 모셨다는 것입니다. 이 당산은 병자년(1936년) 태풍에 훼손되어 숲의 다른 곳으로 옮겼다고 합니다. 지금은 숲속에 당산도 없어지고, 당산제도 지내지 않습니다. 천령봉에서 채화하는 봉화가 관이 주관하는 하늘 제사라면, 함양상림 숲속의 돌무더기 당산은 주민의 하늘 제사라 할 수 있습니다.

생명의 숲 함양상림

공원이 아닌 마을숲으로

마을숲은 마을과 마을 사람들의 생활·역사·문화·신앙 등과 깊이 연결되어 있습니다. 농경사회의 다양한 생활사와 전통문화를 품고 있습니다. 휴식과 놀이의 생활 공간인 동시에 신성한 제의의 공간이 되었습니다. 그래서 성(聖)과 속(俗)이 한 공간에 있다고 말합니다. 이 속에서 우리는 하늘을 우러러 자연과 조화를 이루며 살았습니다. 이것은 자연에 동화하는 우리의 오랜 생활철학이기도 합니다. 모든 것이 본래 자리로 돌아온다는 원형적 사고에 바탕을 둔 일원론적 자연관입니다. 우리 조상은 만물을 소중히 여기며, 건강하고 평화로운 사회를 지향하는 순한 민족의 정서를 키워왔습니다. 이러한 마을숲은 우리의 심상에 잠자고 있는 오래된 고향의 풍경이기도 합니다. 하지만 20세기를 지나면서 산업화와 도시화에 밀려 많이 사라지고 잊혔습니다.

우리의 마을숲은 서양의 공원과 결이 다릅니다. 서양의 공원은 신전이나 왕가의 수렵원에서 비롯했습니다. 서양에서는 신앙적 공간과 생활공간을 철저하게 분리했습니다. 그래서 자연은 편의와 이용의 대상이 되어왔습니다. 이러한 철학적 바탕에서 만들어진 공원은 도시민의 휴식과 건강을 위한 생활공간입니다. 물론 현대에 와서 도시공원은 매우 중요한 역할을 하고, 도시민의 심신 안정과 건강을 위하여 없어서는 안 될 필수 요소입니다. 하지만 전통적 마을숲과 공원은 구분해야 합니다.

서양의 사상적 배경에서 시작한 우리나라 공원의 역사를 김해경이 쓴 『모던걸 모던보이의 근대공원 산책』에서 찾아보았습니다. 우리나라의 첫 공원은 인천의 개항과 함께 세워진 '각국공원(Public Park)'입니다. 인천은

함양상림과 위천의 봄 풍경 2016.4.19.

부산과 원산에 이어 세 번째로 바다 문을 열었지만, 경성(현재의 서울)과 가까운 장소성 때문에 공원이 처음 들어서게 된 것 같습니다. 1884년 인천 조계지에 일본과 청나라를 포함한 7개 나라가 들어왔다고 합니다. 이때 서양식 신도시가 형성되면서 공원도 함께 만들어진 것입니다. 1898년 '인천거류지지도'에 공원이란 표기가 나온다고 합니다. 한국 최초의 서구식 공원인 각국공원이 등장한 것입니다. 그 뒤로 독립공원, 파고다공원이 계속해서 들어섰습니다.

이처럼 마을숲과 공원은 뿌리부터가 다릅니다. 서양은 끊임없이 나

생명의 숲 함양상림

촉촉하게 습기를 머금은 중앙숲길 2021.6.29.

아가는 직선적 사고에 바탕을 둔 이원론적 자연관을 갖고 있습니다. 고대 이집트의 장제신전, 그리스의 성림, 이탈리아 로마의 디아나숲 등은 신전 주위에 나무를 심어 그 자체로 신성한 숲이 되었습니다. 이러한 숲은 생활을 위한 공간이 아니라 신성한 제의의 공간입니다. 이곳에서는 자세를 고쳐 엄숙한 마음으로 신을 경배해야 합니다. 이처럼 신전(神殿)은 생활공간과 철저하게 분리되었습니다. 그 밖은 모두 인간이 이용할 수 있는 생활공간이 됩니다. 성과 속이 확실하게 분리되어 있으므로 속에 해당하는 자연은 거리낌 없는 이용 대상이 되는 것이지요. 이러한 이원론적 사고에서 비롯한 서구의 물질문명이 21세기 전 세계를 관통하고 있습니다. 하지만 코로나 팬데믹은 자연환경이 우리 생존의 바로미터라는 것을 분명하게 알려주었습니다. 이제 '자연과 우리'가 긴밀하게 연결된 하나라는 것을 자각할 때입니다. 자연생태를 이용 대상으로만 여기고 지속해서 훼손하면 우리도 아프고 병들게 마련입니다.

우리 마을숲은 정감이 넘치는 복합생활공간으로 서양의 공원과 확실히 다른 개념입니다. 우리는 자연과 인간이 합일하는 일원론적 사상을 이어왔습니다. 만물에 신성이 깃들어 있다고 믿었습니다. 상생을 추구하는 우리 조상의 지혜로운 자연철학입니다. 이러한 철학이 담긴 마을숲을 '공원'이라 부르는 것은 높은 지혜가 담긴 자연문화유산을 내팽개치는 것과 같습니다.

나무 인문학자 강판권 교수는 『숲과 상상력』에서 다음과 같이 말합니다. "홍수를 방지하기 위해 조성된 상림은 신라 시대 함양 백성의 고통과 염원이 서려 있는 곳이다. 그러니 상림의 조성 과정을 이해한다면 이곳을 단순한 공원으로 활용해서는 안 된다. 그러나 상림은 함양을 대표하는 '상림공원'이 되어버린 듯한 모양새다." 그렇습니다. 함양상림은 점점 공원이 되고 말았습니다. 함양상림은 천년숲이라는 별칭을 갖고 있습니다. '천년숲'이라는 말에 다른 이름을 번갈아 붙여보면 ―천년숲 함양상림 / 천년숲 상림공원 / 천년숲 대관림― 느낌의 차이를 알아차릴 수 있습니다. 개인적으로 함양상림의 천년숲을 대관림이라 불렀으면 제일 좋겠습니다. 생태그물이 출렁이며 뭇 생명을 안아주는 커다란 집, 천년의 숲 대관림(大館林)!

생명의 숲 함양상림

함양상림의 역사

천년 세월의 숲은 주민을 끌어안으며 위천의 물길을 따라 꿈틀꿈틀
변화해 왔습니다. 그 세월의 틈바구니마다 수많은 이야기가 깃들어 있습니
다. 오래된 이야기는 어차피 알 수 없지만, 격동의 시기에 맞은 커다란 변화
의 흔적은 더듬어볼 수 있습니다.

대관림은 약 200년 전(조선 후기) 큰 홍수가 나서 숲의 가운데가 끊어
졌다고 합니다. 하지만 대관림이라는 이름이 조선 시대까지는 사라지지 않
았던 것 같습니다. 일제강점기 들어 위쪽에 있는 숲은 상림(上林), 아래쪽은
하림(下林)으로 나누어 불렀다고 합니다. 그냥 대관림이라 해도 될 텐데 왜
그렇게 불렀을까 싶은 생각이 들기도 합니다.

「함양상림과 학사루」라는 논문에 따르면, 일본인이 쓴 『조선의 임수』
라는 책에 이러한 대관림에 관한 기록이 있다고 합니다. 대관림은 큰 홍수
가 난 1800년쯤에 중간이 끊어진 상태가 복원되지 못하고 그대로 흘러온
것 같습니다. 이때부터 훼손이 일어나기 시작했고, 일제강점기인 1938년
『조선의 임수』를 쓸 당시에는 숲의 규모가 훨씬 줄어들었던 것 같습니다. 이
책에 상림은 1,400m, 하림은 800m 정도라고 적혀 있답니다. 끊어진 거리
가 빠져서인지 실제 거리보다 짧아 보입니다. 지도상으로 상림 끝에서 하
림 끝까지 거리를 가늠해보니 4km가 조금 넘는 거리입니다.

함양읍의 원로와 면담하면서 알게 된 사실이 있습니다. 1936년 병자
년에 대홍수가 있었다고 합니다. 이때 함양읍이 커다란 피해를 보았는데,
읍내에 물이 들어와 장독이 떠다닐 정도였답니다. 특히 하림 쪽의 피해가
컸다고 합니다. 하천 둑이 무너지면서 그나마 남아있던 하림 쪽의 나무도

1981년 상림운동장 주변에 들어서 있던 민가   철거한 뒤 2019.12.28.
ⓒ『함양농업변천사』(443쪽)

땅도 떠내려갔답니다. 병자년 대홍수가 휩쓸고 간 뒤 하림 빈터에는 비행장이 들어서고 군부대가 주둔하게 되었습니다. 한국전쟁을 전후한 냉전의 시기에 일어났던 일입니다.

이렇게 하여 하림은 천년 세월의 자취를 감추게 되었습니다. 다시 평온한 시간이 찾아오면서 비행장은 사라졌지만, 군부대는 아직도 남아있습니다. 2000년대 들어 하림은 복원 공사에 들어갔습니다. 2005년에 시작하여 2009년까지 5년 동안 공사를 마치고, 하림공원으로 조성해 놓았습니다.

한 40~50년 전만 하더라도 상림에서 하림 사이 하천 둑 중간중간에 커다란 고목들이 남아있었다고 합니다. 지금도 도로변에 그때의 고목 느티나무 몇 그루는 남아있습니다. 대관림 4km의 방대한 흔적을 알려주는 생생한 증인들입니다. 동시에 뒤안길로 돌아앉은 서글픈 옛 흔적이기도 합니다.

20세기를 지나면서 숲에는 또 많은 변화가 일어났습니다. 함양상림의 숲은 일제강점기와 산업의 격동기를 거치면서 더욱 훼손된 것으로 보입니다. 가장 큰 원인은 농경 활동과 주거지 마련이었을 것입니다. 지금도 함양상림 곳곳에서 이러한 흔적을 찾을 수 있습니다. 숲속에는 40여 년 전만 하더라도 사람들이 집을 짓고 살았답니다. 상림운동장 주변, 남쪽 화장실 위쪽 운동기구 있는 곳, 북쪽 끝 물레방아 있는 곳으로 크게 세 곳입니다.

상림운동장 주변은 읍내에 가까워서 사람의 출입이 잦았습니다. 해방 이후에는 집들도 들어섰다고 합니다. 그만큼 숲의 훼손이 컸겠지요? 1981년에 찍은 사진을 보면 슬레이트로 지붕을 인 집들이 나타나고 있습니다. 지금 남쪽 화장실 아래 숲속입니다. 이곳에 대략 15가구가 들어와 있었다고 합니다. 1945년 일제가 항복하자 귀향한 사람들이 처음 들어왔다고 합니다. 해방 무렵 우리 문화유산은 전혀 관리가 안 되었을 테니까요.

남쪽 화장실 위쪽 운동기구 있는 곳에는 예전에 창호지를 만드는 사람이 살았다고 합니다. 기어서 들어가고 기어서 나올 만큼 조그만 초가집이 있었답니다. 그 위쪽으로 분수대와 조그마한 물레방아를 만들어 놓은 장소에도 꽤 여러 가구가 살았다고 합니다. 여기에 숲속 개울물을 이용하는 물레방아를 설치해 그 동력으로 종이 으깨는 기계를 돌렸답니다. 지금 이곳에 모형 물레방아가 설치되어 있는 이유인 것 같습니다. 사람들이 살던 집은 벌써 철거되었지만, 숲은 복원되지 못했습니다. 그 자리에 분수대와 물레방아 같은 시설물을 만들었고, 조경수를 심어 공원처럼 꾸며놓았습니다.

숲의 서쪽 가운데쯤 역사인물공원 주변은 예전에 농경지였다고 합니다. 하천 띠숲의 안쪽과 바깥쪽에서 농사를 지었습니다. 농경활동은 숲을 야금야금 먹어 들어갔을 것입니다.

함양상림 북쪽 끝에 있는 '신거리'에는 예전에 사람들이 많이 살았다

가득 찬 물이 얼어붙은 손바닥연못 2016.1.30.

동쪽 산책로 왼쪽에 있는 손바닥연못 2019.1.28.

고 합니다. 여기에는 술을 파는 주막이 두어 군데 있었답니다. 이제 주막은 사라졌고, 그 곁에 모형 물레방앗간이 만들어져 커다란 물레방아가 돌아가고 있습니다. 예전에 방아를 찧던 진짜 물레방앗간이 있었는데 그것을 복원해 놓은 것입니다. 숲 안쪽 죽장마을에 사는 할머니와 이야기를 나눠 보니 이 물레방아를 이용해 쑥떡을 해 먹었다고 합니다. 숲속으로 흐르는 풍부한 개울물 덕분에 물레방아도 돌릴 수 있었습니다.

사운정 동쪽 곁에는 아담한 연못이 하나 있습니다. 사운정과 연못 사이로 숲속 개울이 흘러갑니다. 이 연못은 예전에 개인 소유의 논이었다고 합니다. 한때 이 논을 메워서 천막 다방이 들어섰다가 다시 땅을 파내고 지금의 연못이 되었다는군요.

이 연못에서 동쪽 산책로를 따라 북쪽으로 올라가면 손바닥연못이 나옵니다. 비가 많이 오면 물이 고이지만 메말라 있을 때도 많습니다. 일제 강점기에 이곳은 사격장으로 이용되었다고 합니다. 이 연못에서 들판 쪽으로 사격 연습을 했답니다. 이로 미루어 볼 때 상림운동장도 군사 목적으로 숲속 나무를 베어내지 않았을까 하는 의심이 듭니다.

20세기 들어서는 인공구조물이 숲속에 들어서기 시작했습니다. 그 연도를 살펴보면 사운정 1906년, 함화루 1923년, 초선정 조선 고종 때, 화수정 1972년, 최치원 선생 신도비 1923년, 함양이은리석불 1950년대, 권석도 의병장 동상 1991년, 역사인물공원 2001년입니다. 온전한 숲으로만 이어져 오던 대관림에 20세기 들어서며 이런 변화가 일어난 이유는 무엇일까요?

그것은 서구열강이 주도하는 국제정세와 관련이 있습니다. 앞에서 살펴본 것처럼 19세기 말 우리나라에 서구식 공원이 들어왔습니다. 처음 세워진 각국공원은 일제강점으로 외국인거류지제도가 폐지되고 일제의 관리에 들어갔습니다. 일제는 우리 역사문화의 얼이 살아있는 곳에다 공원을 만들기 시작했습니다. 창경궁이 대표적인 사례입니다. 2022년 4월 9일 자《한국일보》뉴스에 이러한 벚꽃놀이 역사에 관한 기사가 실렸습니다. 1907년 이후 일제는 창경궁에 동물원과 식물원을 만들고 창경원으로 이름을 바꾸었습니다. 공원으로 바뀐 창경원에서는 벚꽃놀이 축제가 열렸습니다. 1980년대 들어 창경궁 복원을 하면서 이 축제는 사라졌답니다. 개항기 서구 문화의 유입과 일제강점기 문화정책을 거치면서 우리는 왜곡된 공원 문화유산을 떠안게 되었습니다. 처음 각국공원이 들어선 뒤 창경궁이 공원으로 바뀌는 등 우리의 역사문화가 깃든 사적에 수많은 공원이 생겨났습니다. 우리나라 전 지역의 마을숲도 이때 영향을 받았을 것입니다. 20세기 들어 곳곳의 마을숲에 인공구조물이 들어온 배경에는 서구문화의 유입과 맞물린 일제강점기 정책의 영향이 있었을 것으로 생각합니다.

지금 우리 곁에 남아있는 함양상림은 오래도록 온갖 풍상을 겪어왔습니다. 요동치는 역사의 수레바퀴 속에서 한 번도 꺾이지 않고 살아남았다는 것은 그 자체로 대단한 일입니다. 경제성장과 산업화 과정에서 우리의 오랜 마을숲들이 사라져갔습니다. 그러나 상징성을 지녔거나, 아름다운 경관을 지녔거나, 규모가 함부로 손을 댈 수 없을 만큼 크다면 사정이 다릅니다. 함양상림이 바로 그런 마을숲입니다.

대관림은 대대손손 함양읍의 주민과 농토를 보호하는 데 큰 역할을 해왔습니다. 이것이 숲을 만든 1차 목표였습니다. 하지만 마을숲이 형성되자 자연스럽게 다른 역할도 생겨났습니다. 최치원 관련 전설이 있는 역사문화의 숲, 주민의 평화와 안녕을 기원하는 제의의 공간, 경관을 바탕으로 하는 건강·치유의 숲이 되었습니다. 그리고 야생에 가까운 자연생태환경, 산지 하천에 일군 농경문화 등의 높은 가치도 지니고 있습니다. 이처럼 함양상림은 자연과 문화를 아우르는 귀중한 복합문화유산이자 자연생태 박물관입니다. 이런 가치를 인정받아 1962년 12월 3일 천연기념물 제154호로 지정되었습니다.

또 함양상림은 2001년 〈제2회 아름다운 숲 전국대회〉에서 울창한 숲의 생태적, 학술적, 역사 문화적 가치를 인정받아 '아름다운 천년의 숲'으로 선정되었습니다. 2018년 다시 〈제18회 아름다운 숲 전국대회〉에서 '아름다운 숲지기상'을 받았습니다. 이 행사는 산림청, 유한킴벌리, 시민단체 생명의숲이 매년 공동 주최하고 있습니다.

◁ 2001년 〈아름다운 숲 전국대회〉 아름다운 숲 지정 안내 표지석
▷ 2018년 아름다운 숲지기상 안내판

천년의 비밀을 간직한 거북돌의 미소

— 대관림을 일군 최치원의 역사·문화 이야기

고운(孤雲) 최치원은 대관림을 남겨놓고 세간의 숲에서 홀연히 사라졌습니다. 신선이 되었다 합니다. 외로운 구름 같은 이야기지만 최치원이 남긴 시 한 편이 의미심장합니다. 경계를 넘나드는 갈매기를 통해 가고 옴이 없는 신선의 경지를 이야기합니다. 갈매기가 고운인지 고운이 갈매기인지 알 수 없습니다.

바다 갈매기	**海鷗**
물결 따라 이리저리 나부끼다	慢隨花浪飄飄然
가벼이 털옷 터니 참으로 물 위의 신선일세	輕擺毛衣眞水仙
자유로이 세상 밖 드나들고	出沒自由塵外境
거침없이 선계를 오고 가네	往來何妨洞中天

맛난 음식 좋은 줄 모르고	稻粱滋味好不識
풍월의 참맛 깊이 사랑한다네	風月性靈深可憐
장자의 나비 꿈 생각해보면	想得漆園胡蝶夢
내가 그대를 보다가 잠드는 이유를 알 테지	只應知我對君眠

대관림은 신라 말 최치원이 만들었다고 전합니다. 역사적인 사료는 남아있지 않습니다. 숲을 만들었던 신라 진성여왕 때 천령군의 정치·문화적 배경이나 정확한 조성 이유도 알 수 없습니다. 그렇다고 해서 함양상림을 최치원과 떼어놓고 생각할 수는 더더욱 없습니다. 구전으로 전해오는 전설과 간접적인 사료를 통해 그 역사적인 사실이 드러나기 때문입니다.

함양에서 최치원에 대한 이미지는 '비범함'과 '신성함'입니다. 세기의 걸작 대관림 때문일 겁니다. 그 존경의 흔적이 숲속에도 배어있습니다. 숲의 가운데쯤에 사운정(思雲亭)이 있습니다. '고운 최치원 선생을 생각한다'는 뜻을 담은 이름입니다. 정자에서 고운을 생각하며 뒤쪽을 바라보면 신도비가 코앞에 있습니다. 그 아래 비문을 받치고 선 돌거북에 시선이 머뭅니다.

2016년 처음 숲을 공부할 무렵 이 돌거북을 한참 처다보곤 했습니다. 그때 이 돌거북이 슬며시 웃고 있지 않겠습니까? 그 표정이 참으로 복잡하고 미묘하게 느껴졌습니다. 순간 '저 미소 속에는 어떤 천년의 비밀이 잠자고 있을까?' 하는 엉뚱한 생각이 들었습니다. 돌거북의 미소 속에 선생의 신비로운 일생이 오버랩되었습니다. 선생은 가고 없지만, 천년숲은 우리 곁에 현실로 남아있습니다. 그 현실의 문을 열고 대관림의 내력을 따라 알쏭달쏭한 미지의 여행을 떠나봅니다.

생명의 숲 함양상림

최치원 선생 신도비 2015.1.24.

신도비를 받치고 있는 돌거북 2015.9.3.

위에서 내려다본 함양상림 전경 2016.3.14. ⓒ 함양군청

대관림(大館林)을 만들다

오래전에 함양읍 지역을 아우르는 너른 선상지 평원이 있었습니다. 백운산의 산줄기를 따라 내려온 물줄기가 병곡, 백전에서 위천으로 모여 함양읍의 선상지를 가로질러 14km를 흘러갔습니다. 함양의 젖줄 위천은 예전에 뇌계(㵢溪)라 불렀답니다. 홍수를 만나면 계곡물이 순식간에 불어나며 천둥소리를 내어서 붙은 이름입니다. 선상지 평원은 불어난 물이 쓸고 내려가는 불안한 야생의 땅이었습니다. 최치원은 이 야생마 같은 물길을

생명의 숲 함양상림

잡아 돌리고 하천 둑에다가 나무를 심었습니다. 그러자 너른 선상지 평원은 들판이 되고, 사람들이 마음 놓고 살 수 있는 집터가 되었습니다. 4km 위천 둑을 따라 나무를 심고 이름을 '대관림(大館林)'이라 부르니! 천년 세월이 흐르는 동안 숲은 그 이름처럼 정말로 커다란 집을 이루게 되었습니다. 자연생태와 역사문화가 꿈틀대는 자연문화유산의 집. 대관림은 그 호방한 스케일이 느껴지는 자랑스러운 이름입니다.

야생의 땅 선상지 평원에 사람들이 들어와 고을을 이루며 살게 되는 과정을 역사적인 사실에 비추어 나름대로 추측해봤습니다. 주민들 말을 들어보면 함양 읍내의 땅을 50㎝ 정도 파면 강자갈이 그대로 드러난다고 합니다. 예전에 물이 흐르던 선상지 평원의 흔적으로 볼 수 있습니다. 위천에서 함양상림 안에 있는 개울로 들어온 물이 함양 읍내를 지나 한들 가운데로 흐르는 물줄기가 있습니다. 이 물길은 한들의 농업용수로 큰 몫을 해왔습니다. 오래전부터 한들에 흐르던 가장 큰 물줄기로 1918년에 만들어진 지도에도 나온다고 합니다.

대관림이 만들어지기 전 선상지 평원에 사람들이 살았다면 얼마나 위험했을까요. 농사는 또 얼마나 불편했을까요? 그런데 이 선상지 평원에 3천 년 전 청동기시대 사람들이 집을 짓고 살았다고 합니다. 2020년 한들 주차장을 만들기 전 유적 발굴을 하면서 밝혀진 사실입니다. 최치원이 대관림을 조성하기 2천 년 전에 사람들이 살고 있었던 것이지요. 청동기시대에 사람들이 살았다고 하지만, 대관림을 만들었던 신라 말부터 중세까지이 선상지가 어떤 상태였는지 정확하게 알 수 없습니다.

고려 시대 함양의 관아였던 고읍성은 신관리 관변마을 언덕배기에 있

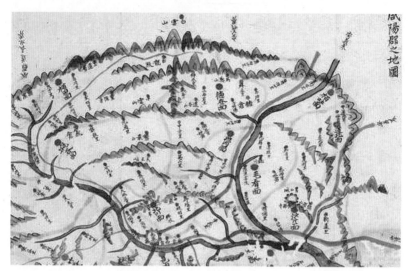

〈함양군지지도〉(1872년 지방지도) 중 일부. 백운산에서 백암산을 거쳐 필봉산으로 이어지는 산맥의 흐름과 '읍기'라고 적힌 함양읍성을 감싸고 흐르는 위천의 물줄기도 볼 수 있다. (규장각한국학연구원 홈페이지)

었습니다. 함양읍에서 고속도로 함양IC 쪽으로 약 1km 거리입니다. 이 고읍성은 고려 말(1380년) 왜구의 침입으로 수동면 연화산의 사근산성이 무너지면서 큰 피해를 보고 필봉산 아래 지금의 함양읍으로 옮기게 되었습니다. 함양군청과 함양초등학교가 있는 곳이 옮긴 관아가 있던 읍성의 중심지입니다.

함양읍성은 최치원이 대관림을 조성했다고 전하는 때로부터 약 400여 년이 지난 뒤에 들어섰습니다. 그때는 이미 대관림이 조성된 지 오래되었을 때이므로 지세가 안정되어 홍수로부터 읍성을 보호하는 역할을 했을 것입니다. 함양읍성으로 옮길 당시 대관림으로 둘러싸인 그곳에 사람들이 얼마나 살고 있었는지는 여전히 알 수 없습니다. 고려 말인 1380년 이후에 옮겨온 함양읍성은 조선 시대에 와서야 제대로 된 읍성의 규모를 갖추었을 것으로 짐작됩니다. 조선 건국이 1392년이니 망해가는 나라에서 불과 10여 년 사이에 지방행정을 제대로 살필 수는 없었을 테니까요.

정리해보면, 청동기시대 선상지 평원 사람들의 농사와 살림살이는 매우 불안했습니다. 신라 말 대관림이 조성된 다음 어느 시기에 언덕배기에 살던 사람들이 하나둘 내려와 온전히 정착하기 시작했고, 선상지 평원도 안정된 농지로 개간했다고 볼 수 있습니다. 고려 말 함양읍성을 옮긴 뒤 조선 초기에 이르러 지금의 함양읍이 번성하게 된 것으로 추측할 수 있습니다.

그러면 대관림 조성에 관한 궁금증을 한번 풀어보겠습니다. 『함양군지』에 보면 최치원이 대관림을 조성했다는 기록이 있습니다. 출처는 『함양읍지』(1894~1895년 발행)로 되어있습니다. "최 태수께서 치수와 농경관개를 위해 상림에 제방을 쌓고 나무를 심어 가꾸었으며, 지금의 우거진 수목들은 그때 심어진 것이다." 하지만 알려진 문서는 이것이 거의 전부입니다. 조선 중기인 1656년 정수민이 쓴 최초의 함양군지인 『천령지』에도 대관림에 관한 내용은 단 한 줄 뿐입니다. "뇌계 동쪽 언덕에 있다." 대관림 조성에 관해 입으로 전해오던 이야기는 19세기 말이 되어서야 공적 기록문서로 『함양읍지』에 실렸습니다. 그것도 누가 무엇을 위해 어떻게 조성했다는 한 문장이 전부입니다.

대관림의 역사적 사실을 밝힐 만한 더 오래된 사료는 정말 없을까요? 조선 시대를 통틀어 수많은 군수와 현령이 함양을 거쳐 갔을 터입니다. 또 수많은 선비와 유람객이 함양을 찾아왔을 것입니다. 그런데 어찌 대관림에

다녀온 소감이나 시(詩)조차도 쉽게 보이지 않을까요? 그 당시 선비들이 남긴 뇌계(위천)나 두류산에 관한 시는 흔히 볼 수 있습니다. 혹 대관림은 선비들의 유람 명소가 아니었는지도 모르겠습니다. 그렇다면 조선의 관료와 선비는 최치원의 방대한 업적을 과소평가하고 있었을까요? 그렇지는 않을 것 같으니 궁금증은 더욱 커지기만 합니다.

사정이 이러하니 대관림 조성 시기와 그 이유는 더더욱 알기 어렵습니다. 신라 말의 위기 상황과 최치원의 정치 활동 등 역사적인 맥락으로 엉뚱한 추측을 해봅니다. 진성여왕 때에는 들끓는 지방 호족 세력을 통제할 수 없을 정도로 나라의 힘이 기울었습니다. 892년 무진주(지금의 광주)에서 후백제를 건국한 견훤은 무너져가는 신라에 커다란 위협이 되었습니다. 그 당시 천령군은 견훤 세력이 신라의 수도였던 경주로 이동하는 길목으로 짐작됩니다. 함양은 광주에서 출발하여 남원, 합천, 경주로 이어지는 지리산 북부의 중요한 교통로에 있기 때문입니다.

최치원은 890년부터 893년 사이에 대산군(지금의 전북 태인과 정읍)과 부성군(지금의 충남 서산)의 지방관으로 나간 적이 있습니다. 지방사회의 실상을 파악하고 혼란을 수습하려는 목적이었다고 합니다. 천령군(지금의 경남 함양) 태수로 온 것도 같은 이유였다고 합니다. 이러한 사실은 최치원이 『계원필경집(桂苑筆耕集)』에서 강조한 유학자 중심의 국가체제 운영, 지방사회 동요 방지 등의 내용에서 확실히 드러난다고 합니다. 다른 한편으로 최치원이 지방관으로 나간 이유는 골품제와 관료들의 의심과 시기에 막혀 자신의 식견을 마음껏 펼칠 수 없었기 때문이라고 합니다.

최치원은 893년 다시 중앙 정계로 돌아와 국가 재건에 노력을 기울였습니다. 894년 당나라 유학과 지방관을 역임하며 얻은 경험을 토대로 정치·사회 개혁안을 담은 「시무십여조(時務十餘條)」를 올렸습니다. 이로 인해 6두품 신분으로서 오를 수 있는 최고 관직인 '아찬'이 되었습니다. 『천령지』에는 최치원이 직접 써서 해인사 승려에게 주었다는 시에 관한 기록이 있습니다. "해인사 승려 희랑에게 주는 시 아래에 '방로태감 천령군 태수 알찬 최치원'이라 썼다." 여기에서 '천령군 태수'와 '알찬(아찬의 다른 이름)'은 최치원의 행적을 더듬는 데 중요한 실마리가 됩니다. 그가 함양 태수로 있던 시기를 헤아려볼 수 있기 때문입니다. 이에 따르면 최치원은 아찬이 되고 나서 천령군 태수로 왔다는 사실을 알 수 있습니다. 후백제군을 방어하는 '방로태감'이라는 관직을 겸하고 있었기 때문에 '방로태감 천령군 태수'라는 관직명을 쓰고 있습니다.

최치원은 898년 모든 것을 내려놓고 정치 일선에서 물러나 해인사에 들어갔다고 합니다. 이를 종합해보면 최치원은 894년 아찬이 된 뒤 천령군 태수로 활동했고, 898년 해인사에 들어가기 전에 관직에서 물러났습니다. 그러면 대관림을 만든 시기는 894~898년 사이가 됩니다. 최치원이 태수로 함양에 머문 기간은 이 5년보다는 짧을 것입니다. 그러면 더더욱 짧은 기간에 대관림을 만들었다고 볼 수밖에 없겠네요. 그런데 최치원 역사기념관 전시 기록에 최치원이 894년 방로태감 겸 천령군 태수를 1년 넘게 지냈다고 적혀 있습니다. 방로태감이라는 직책으로 볼 때 대산군이나 부성군의 지방관보다 훨씬 긴박하고 중요한 임무를 지니고 천령군에 왔다는 사실을 짐작할 수 있습니다. 그리고 1년 남짓 활동 기간에 대관림을 만든 것입니다. 대관림 조성 연도를 894년으로 잡으면 2022년 현재로부터 무려 1,128년 전의 일입니다.

대관림 조성에는 얼마큼의 인력이 동원되었고 얼마큼의 시간이 필요

했을까요? 특히 이때는 왕권이 약하고 지방 호족의 힘은 센 시기였습니다. 호족의 마음을 움직이지 않으면 대규모 인력 동원도 쉽지 않았을 것입니다. 4km에 달하는 대관림의 규모로 볼 때 최치원은 태수로 있는 1년여 동안 대관림 조성에 몰방했을지도 모를 일입니다. 그러나 임기 내내 홍수 방지용 숲만 만들고 있었다는 것도 이해하기는 어렵습니다. 최치원이 후백제를 견제하는 방로태감까지 겸했다는 사실에 눈길이 쏠립니다. 군사적 방어 목적으로 대관림을 만든 것은 아니었을까 하는 의문이지요. 바람 앞에 촛불 같은 나라의 위기 속에서 방대한 스케일의 치수 사업을 했다는 것은 상식을 벗어나 있습니다. 그 짧은 임기 동안에 말입니다.

앞에서도 살펴보았듯이 함양상림은 무에서 유를 창조하는 방식의 인공림으로 보기에는 의심스러운 데가 한둘이 아닙니다. 야생의 숲에서나 볼 수 있는 자연환경과 식생이 나타나고 있으니까요. 선상지 물길의 흔적이 그대로 남아 있으니까요. 그런데 함양상림이 "계류 선상지에서 자연적으로 발달한 자연림"이라고 주장하는 학자가 있습니다. 식물사회학을 연구하는 계명대학교 김종원 교수입니다. "상림의 기원이 인공적인 숲에서 유래한다는 어떠한 증거도 없다"라는 것입니다. 아래 인용문은 최치원이 자연스럽게 흐르는 물길을 따라 둑을 쌓고 뒤쪽에 원래 있던 숲을 이용하여 재해를 막는 대관림을 만들었다는 김종원 교수 논문 내용입니다. "최치원 선생은 위천의 자연적인 물 흐름을 방해하지 않는 긴 제방을 축조하고, 제방 배후에 남게 되는 숲을 보존함으로써 홍수 재해를 완충하고 막는 데 활용했던 사실을 보여주고 있는 것이다."

최치원은 바람 앞에 촛불 같은 운명의 시기에 4km나 되는 대관림을 만들었습니다. 인공림이 아니라고 볼 때 야생 상태로 엉성하게 유지되던 선상지에 나무를 더 심는 방식으로 숲을 만들었을 가능성에 무게가 실립니다. 아니면 그냥 둑을 쌓아 물길만 돌렸을 수도 있습니다. 훨씬 적은 인원으로 짧은 기간에 공사를 마칠 수 있었을 테니까요. 만약 이것이 군사 방어선이었다면 최치원이 방로태감으로 함양에 온 이유와 긴박한 신라의 정세와도 딱 맞아떨어집니다. 하지만 위태로운 신라의 명운과 방로태감 천령군 태수 알찬 최치원의 역할 그리고 대관림 조성 사이에는 미지의 강이 흐르고 있습니다. 신도비를 받친 거북돌의 미소는 여전히 복잡하고 미묘하기만 합니다.

전설 속 영웅으로 탄생하다

인간은 허구를 만들어내는 능력을 지니고 있습니다. 유발 하라리는 『사피엔스』에서 허구 덕분에 인류가 집단적으로 상상하고 협력할 수 있었다고 말합니다. 세력을 키우고 문화를 형성하는 이면에 신화나 전설 같은 허구의 힘이 있었다는 것이죠. 어떤 집단은 이러한 허구를 믿음으로써 심리적 위안을 얻기도 합니다. 전설 속에서는 신성이나 영웅담이 중요한 소재로 나타나곤 합니다. 이러한 허구를 바탕으로 하는 신성이나 영웅담의 전설은 마을숲을 보전하는 데 중요한 역할을 했을 터입니다.

최치원의 공덕은 입에서 입으로 전해지는 동안 살이 붙고 피가 돌아 주민들의 가슴속에 살아 숨 쉬게 되었습니다. 전설이 탄생하는 순간입니다. 불멸의 신성과 영웅담은 천년숲의 상징이 되었습니다. 그 상징성은 주민들의 삶에 위안을 주고 천년의 숲에 상생의 온기를 불어넣었습니다.

<崔致遠
孤雲

고운 최치원

857~?
신라 후기의 학자·문장가

『최치원 초상』
고중: 자설시행>

최치원 역사공원 고운기념관에 있는 선생의 초상

　천년의 숲에는 최치원과 관련된 전설이 전해오고 있습니다. 하나는 금호미 전설이고, 하나는 해충 전설입니다. 금호미 전설은 최치원이 금호미로 나무를 심고 숲을 만든 뒤 나뭇가지 어디엔가 이 호미를 걸어 두었다는 이야기입니다. 몇십 년 전만 해도 동심 어린 아이들이 고개를 들고 금호미를 찾았답니다. 소풍 때는 금호미 찾기 행사도 열렸습니다. 이때 금호미는 영원불멸의 숲속에 걸어놓은 상상의 세계, 희망의 아이콘이었습니다. 사운정 근처 개울에는 아치형으로 만든 조그마한 다리가 있습니다. 1976년에 시멘트로 투박하게 만들어 크게 볼품은 없습니다. 그 이전에는 나무로 되어있었다고 합니다. 이 다리의 이름이 금호미다리입니다. 상상 속의 금호미

생명의 숲 함양상림

사운정 뒤쪽에 있는 금호미다리 2015.3.28.

를 떠올리며 건너보는 재미가 있을 것 같습니다. 다리는 동떨어진 현실 세계를 잇기도 하지만, 의미의 세계를 이어주기도 합니다. 전혀 다른 그 무엇을 서로 이어보는 창의력은 21세기가 요구하는 엉뚱한 매력입니다.

해충 전설은 어머니를 향한 효심이 초월적으로 그려진 이야기입니다. 어느 날 최치원의 어머니가 숲에서 산책하다가 뱀을 보고 깜짝 놀랐습니다. 이를 본 선생은 숲으로 달려가 "뱀이나 개미 같은 해충은 모두 없어져

라! 그리고 다시는 이 숲에 들지 마라!" 하고 외쳤습니다. 그 뒤로 숲에서 모든 해충이 사라졌습니다. 전설적 이야기일 뿐 생태적으로 일어난 사실은 아닙니다. 아무튼 선생이 어머니를 위하는 이 행동은 평범한 사람은 할 수 없는 초월적 영웅담입니다. 효사상은 유·불교를 통틀어 전통 사회의 중요한 가치였습니다. 이 전설이 언제쯤 생겨났는지 모르겠지만, 선생의 영웅적 능력을 지렛대로 삼아 효사상을 가르치려는 의도가 엿보입니다. 또 선생이 숲을 만들어 놓고 떠나면서 "뒷날에 이 숲에 뱀·개구리·개미가 생기고, 소나무와 대나무가 스스로 나면, 내가 이 세상을 떠난 줄 알아라." 하고 말했다는 이야기도 전하고 있습니다. 이것은 도교의 신선 사상이 엿보이는 장면입니다.

숲을 만든 구체적인 내력에 관한 전설도 있습니다. 선생이 고을의 풍수해를 막으려고 지리산과 백운산(함양)에서 여러 종류의 나무를 캐어다가 강둑에 심었다는 설입니다. 또 다른 이야기로 상림은 선생이 하루아침에 심었고, 하림은 부인이 하루아침에 심었다는 설이 있습니다. 상림이 없어지면 선생이 죽은 것이고, 하림이 없어지면 부인이 죽은 것이라 합니다. 이 이야기는 상림과 하림이 나누어져 이름이 굳어진 뒤에 만들어졌겠지요? 그전에는 대관림이라는 하나의 이름만이 존재했으니까요. 이렇게 함양상림의 전설은 조금씩 다른 버전이 나타나고 있습니다. 이를 통해 전설이 구전해오는 동안 살이 붙고 가지를 치면서 분화한다는 것을 알 수 있습니다. 언어가 그 당시 사람들의 생활환경과 생각에 따라 살아 움직이듯 전설도 살아 움직이고 있습니다.

금호미나 해충 전설은 모두 선생의 비범하고 신성한 능력을 보여주고 있습니다. 전설 속 신성한 존재는 절대 사라지지 않으며 영원한 삶을 살아갑니다. 한 집단이 누군가를 신성한 존재로 올려놓는 것은 초월할 수 없는 인간의 한계를 벗어나려는 의존 심리인지도 모릅니다. 이룰 수 없는 현실의 문제를 신성한 능력을 지닌 영웅을 통해서 해소하려는 대리만족 같은 것이지요. 이렇게 해서 전설은 주민들이 함양상림을 가꾸고 지키는 데 커다란 힘이 되었습니다. 신성과 영웅담으로 나타나는 상징성은 주민의 마음에 단단히 자리 잡아 심적 위안과 희망을 주었습니다. 공동체의 끈끈한 결합과 마을에 대한 자부심을 안겨 주었습니다. 그 중심에는 최치원의 공덕이 굳게 자리 잡고 있습니다.

핫 플레이스와 뷰 포인트

— 함양상림의 상징성을 지닌 별난 장소들

상림우물과 중앙숲길

함양상림 중간쯤에는 물맛이 좋은 우물이 있습니다. 오랜 옛적에 흙을 파내고 돌담을 쌓아 만든 깊은 우물입니다. 두레박으로 물을 길어 올리던 시절, 위천 강물이 말라도 마르지 않았다고 합니다. 상림우물이라 합니다.

상림우물은 지나치던 길손이 함께 이용하던 공동우물이었습니다. 이곳은 아주 오래된 핫 플레이스이기도 합니다. 지나치는 나그네들이 목을 축이고 쉬어가던 길목이었으니까요. 함양 백전면과 병곡면 주민들도 걸어서 읍내로 다니던 시절, 이 우물을 이용했습니다. 이곳은 함양상림의 상징적 소통 공간이라 할 수 있습니다. 주민들이 물 길러 와서 인사를 나누고, 지나치는 길손이 목을 축이는 사이 얼마나 많은 이야기가 오고 갔을까요?

상림우물 2016.1.20. 　　　　우물 앞에서 이어지는 중앙숲길
　　　　　　　　　　　　　　　　　　　2016.4.19.

사람이 모이는 곳에는 정보가 있고, 이야기가 흐르기 마련입니다. 우물을
지키고 선 은행나무에는 저마다의 사연을 담은 수많은 이야기가 켜켜이 쌓
여 있는 듯합니다. 중앙숲길 들머리인 상림우물 주변은 지금도 사람들로
붐비고 있습니다. 바로 곁에 최치원 선생 신도비와 사운정이 있습니다.

　　상림우물은 다양한 용도로 이용되어 왔습니다. 1945년 2차 세계대전
에서 일제가 항복하자 귀향한 사람들이 있었습니다. 그때 상림우물은 이
들의 생명수가 되었습니다. 예전에 상림운동장에 봄·가을 해치(경치 좋은
곳에서 하루를 즐기는 마을 단위의 잔치) 하러 오는 주민들, 축구 시합 등 운
동하는 사람들도 이 우물을 이용했습니다. 천령제나 군민체육대회 등의 행
사 때도 수많은 사람의 갈증을 해결했습니다. 행사장 주변에 옹기를 갖다
놓고 물을 떠다 식수로 이용했다고 하거든요. 인제는 몇십 년 전의 낯선 생
활 속 이야기가 되었습니다.

1997년 9월 '함양남서로'가 생기기 전의 함양상림 전경 ⓒ『함양농업변천사』(406쪽)

2010년 9월 함양상림 전경. 함양읍에서 백전·병곡을 잇는 '함양남서로'가 나타난다.
ⓒ 함양군청

　　이 우물은 2000년대 초반 정비사업으로 뚜껑을 덮고 전기모터로 물을 끌어 올리고 있습니다. 이제 함양군민과 함양상림을 찾는 관광객을 위한 약수터가 되었습니다.

함양상림 숲속으로 한때 버스가 다녔습니다. 숲 가운데로 난 폭 4m 정도의 중앙숲길이 예전에 먼지가 폴폴 날리는 도로였습니다. 함양읍에서 병곡·백전면을 잇는 길이었습니다. '상림' 표지석 있는 들머리에서 시작하여 상림우물 앞에서 중앙숲길을 관통했습니다. 이 도로는 1960년대 위천에 석축을 쌓으면서 강둑으로 옮겨졌습니다. 1962년에 함양상림이 천연기념물로 지정되고 나서도 한참 동안 숲 가로 버스가 다녔습니다. 1990년대 후반에서 2000년대 초반 사이에 다시 위천 건너편으로 옮긴 것으로 보입니다. 지금 이용하고 있는 함양남서로입니다. 함양군청에서 찍은 사진을 비교해 보면 도로가 옮겨진 것을 알 수 있습니다.

뿌얀 먼지가 사라진 도로는 이제 사람들이 가장 많이 찾는 중앙숲길이 되었습니다. 강둑을 따라 이어졌던 도로 위로는 아스콘 포장이 된 산책로가 만들어졌습니다. 함양상림에는 중앙숲길을 중심으로 작은 오솔길이 거미줄처럼 퍼져 있습니다. 중앙숲길 동쪽으로 개울 건너 숲속에는 예전에 마을 주민들이 다니던 오솔길이 있습니다. 이 길은 울타리를 쳐서 숲을 통제하는 지금도 사람들 발길의 흔적이 남아있습니다. 향수에 젖은 주민들이 습관처럼 이 길을 걷곤 하는 모양입니다.

함양상림의 숲길은 목적지를 이어주는 교통의 기능을 했습니다. 산업사회를 지나온 20세기 학창 시절, 친구들과 단풍 구경을 하고 낙엽을 밟으며 걷던 길, 꼬마 애들이 도토리 줍고 다람쥐 쫓으며 뛰놀던 길이기도 했습니다. 21세기를 맞은 지금은 방문객들의 관광과 가벼운 산책, 주민들의 운동을 위한 치유·휴양 기능이 더 커졌습니다. 동시에 숲의 생태와 역사문화를 공부하고, 개인 단위의 문화예술 활동을 하고, 사색하는 길이기도 합니다.

예전에 버스가 다녔던 중앙숲길 2016.8.30.   아스콘 포장 둘레길 산책로 2017.4.10.

상림운동장

함양상림 남쪽 숲속에는 커다란 운동장이 하나 있습니다. 1945년 해방 전에도 있었다고 하니 일제강점기에 만들었을 것으로 추측됩니다. 옛일을 생생하게 기억하시는 지역 원로의 말씀을 들어보니 해방되고 나서 체육행사장으로 원활하게 쓰기 위해 공간을 넓혔다고 합니다. 이 운동장에서는 8·15해방 기념으로 대단위의 축구 대회가 열리기도 했답니다. 경상도와 전라도 인근 시군 지역에서 다 모일 정도로 대회 규모가 컸다고 합니다. 그후 이 숲속의 운동장은 축구를 비롯해 함양군민의 다양한 놀이와 행사의 주요 무대가 되었습니다. 함양군은 1962년부터 천령문화제와 군민체육대

1979년 천령문화제 차전놀이　　1977년 예비군 사열 경연 대회　　1982년 천령문화제 마라톤 대회

상림운동장에서 벌어졌던 다양한 행사 ⓒ 함양의 어제와 오늘

회를 매년 정기적으로 숲에서 열었습니다. 또 학생들의 체육 행사장으로, 마을 단위의 해치 장소로도 이용되었습니다. 단오를 비롯한 명절에는 그네 뛰기, 씨름 같은 행사가 열리기도 했습니다. 상림운동장은 숲속에 둘러싸여 있으면서 접근성도 좋아 한때 대단한 인기를 누렸던 모양입니다. 그 당시 지역에는 공설운동장이 없을 때였으니까요.

　　상림운동장은 한국전쟁과 산업 성장기를 지나오는 동안 아픈 역사를 새기기도 했습니다. 지금 다볕당 자리에 한국전쟁 때 인민군들의 탄약 창고가 있었다고 합니다. 인민군들이 철수할 때 탄약고에 불을 질러 밤새 불바다가 되기도 했답니다. 1960년 말에서 70년 초에는 읍내 지방도로 확장을 위해 상림운동장에 공병대가 주둔하기도 했답니다. 이밖에도 예비군 사열이나 군부대 행사의 장으로 이용되기도 했습니다.

　　2000년대 들어 이 운동장에서의 행사는 제한되었습니다. 이제 3천여 평 규모의 초록 잔디밭은 방문객들의 여유로운 휴식 공간으로 활용되고 있습니다. 수많은 사연을 끌어안은 상림운동장은 이제 격동의 세월을 뒤로한 채 긴 휴식에 들었습니다.

생명의 숲 함양상림

잔디밭으로 변해 긴 휴식에 든 상림운동장 ◁ 2021.3.5. ▷ 2016.5.5.

상림운동장 주변은 함양상림에서도 새와 다람쥐를 관찰하기 참 좋은 장소입니다. 최근 2~3년 상림운동장 주변을 관찰하면서 새와 다람쥐의 둥지를 여럿 발견했습니다. 늙은 졸참나무 구멍에서 다람쥐가 새끼를 키우며 고개를 내밀고, 멧비둘기, 물까치, 검은댕기해오라기, 큰오색딱다구리, 오색딱다구리, 동고비, 까치들이 둥지를 틀고 새끼를 키우는 모습도 지켜보았습니다. 사람들이 많이 붐비기도 하고 숲의 생태환경은 오히려 더 열악한 편인데도, 이 운동장 근처에 많은 생물이 번식하러 몰려오는 것을 보니참 놀랍습니다. 이들은 사람들이 붐비는 장소를 오히려 더 안전하게 느끼는지도 모르겠습니다.

상림운동장 가에는 두 개의 문화재가 있습니다. 남쪽 입구에는 함양척화비(경남문화재자료 제264호)가 있고, 북쪽 끝 우물 곁에는 함화루(경남시도유형문화재 제258호)가 있습니다. 함화루는 조선 시대 함양읍성의 남문이었습니다. 함화루 앞에는 얼굴 윤곽이 없는 민짜 돌거북이 하나 있습니다. 닳아 없어진 것이 아니라 처음부터 다듬지 않은 것 같습니다. 투박하게 돌을 다듬어 돌거북을 만든 솜씨는 무척이나 자연스럽습니다. 등에 홈

△ 함화루 2016.12.28.
◁ 함양척화비 2015.3.28.

△ 함화루 앞에 있는 돌거북 2016.1.20.

이 없는 것으로 보아 비석의 받침으로 쓰이지도 않은 것 같습니다. 어떤 목
적으로 만들었는지 확실하지는 않지만, 비보풍수(약하거나 모자란 것을 채
우는 것)의 목적으로 만들어진 것을 옮겨다 놓은 것이 아닌가 싶습니다.

함양척화비는 병인양요와 신미양요를 겪고 난 뒤 흥선대원군이 쇄국
정책 의지를 보여준 징표입니다. 일제강점기에 들어 전국의 척화비를 거의
없앴다고 합니다. 하지만 함양척화비는 보존 상태가 좋습니다. 근처에 쓰
러져 있던 것을 찾아서 이 자리에 세웠다고 합니다.

역사인물공원

역사인물공원은 새천년을 맞아 함양군에서 만들었습니다. 이제 함양
역사 인물의 상징성을 지닌 공간이 되었습니다. 가운데 나라와 고을을 빛
낸 함양의 인물 11명의 흉상이 서 있습니다. 그 주인공은 최치원, 조승숙,
김종직, 양관, 유호인, 정여창, 노진, 강익, 박지원, 이병헌, 문태서입니다.

이 역사 인물들은 예로부터 함양에 커다란 영향을 끼친 분들입니다. 그중 최치원, 정여창, 박지원, 문태서, 유호인 이렇게 다섯 분에 대한 소개 글을 간단하게 정리해보았습니다.

최치원(857~?)은 정치·외교적, 학문적, 사상적으로 커다란 업적을 남겼습니다. 한국 고대의 인물 가운데 가장 많은 글을 남겼는데요. 그 저술들은 후세 많은 역사가의 관심을 끌었습니다. 최치원은 중국에서 유학했지만, 호국적 이념으로 유불선을 통합했으며 이 가운데 신라의 전통을 강조했습니다. 덕분에 화랑도라는 신라 고유의 풍류도를 낳게 되었습니다.

최치원은 왕권 강화와 중앙집권의 개혁을 위해 중앙 정계에 시무책을 올렸습니다. 하지만 골품제 기득권의 벽에 막혀 개혁 정책이 실행되지 못하고 정치적 한계를 느꼈습니다. 그 뒤로 국정에서 손을 떼고 산천을 유람했습니다. 그 방랑의 기간은 895년 10월부터 897년 6월로 채 2년이 되지 않았습니다. 시기적으로 천령군 태수에서 물러난 뒤의 일로 보입니다. 당시 신라 국경 안에 그의 발걸음이 닿은 수많은 곳에 자연·문화 유적과 전설이 남아있습니다. 최치원은 천년 왕국의 꿈을 이루지 못한 채 해인사에서 외로운 삶을 마쳤습니다.

최치원의 사상은 최언위, 최승로 같은 후손들이 계승하여 고려에서 활용하게 되었답니다. 조선 시대에 와서도 그 영향은 계속되었습니다.

정여창(1450~1504)은 우리나라 성리학에 빛을 남긴 대학자입니다. 자신을 스스로 낮추어 호를 한 마리의 좀, 일두(一蠹)라고 지었습니다. 나라의 근본은 백성이라고 강조하였습니다.

정여창은 안의 현감으로 있을 때 일을 공정하게 처리하여 백성에게 많은 사랑을 받았습니다. 백성의 세금 부담을 덜어주고, 고을의 총명한 학생을 뽑아 가르쳤습니다. 잔치를 베풀어 가난하고 외로운 노인을 위로하는 등 주민의 복지 향상에도 힘썼습니다.

정여창과 관련된 유적은 함양에 많이 남아있습니다. 선생이 살았던 개평마을의 일두고택은 중요민속문화재 제186호로 지정되어 있습니다. 남계서원은 정여창을 모신 서원입니다. 소수서원에 이어 두 번째로 건립된 서원으로 조선 서원의 전형이라 합니다. 2019년 유네스코 세계유산 '한국의 서원' 9개 중 하나로 등록되었습니다.

박지원(1737~1805)은 뛰어난 사상가이자 실학자입니다. 해학적인 삶을 살아간 천재적인 문학가입니다. 형식에 얽매이지 않고 자유롭게 살아가는 타고난 집시(방랑자)였습니다. 양반과 천민을 가리지 않고 대화가 되는 친구를 폭넓게 사귀는 소통의 달인이었습니다. 뛰어난 해학을 지닌 이야기꾼이었습니다.

관직 바깥에서 오랜 세월 떠돌다가 50살이 넘어서 안의 현감이 되었습니다. 안의 현감을 지내면서『열하일기(熱河日記)』에 기록했던 청나라의 선진 문물을 연구하여 실생활에 옮겼습니다. 최초의 벽돌 건물을 비롯하여 수차·베틀·물레방아 등을 만들어 백성의 생활환경을 개선했습니다. 주민들은 물레방아를 이용해 큰 힘을 들이지 않고 곡식을 빻게 되었습니다. 박지원이 함양에서 물레방아를 처음 만들었기 때문에 함양을 물레방아골이라 부르게 되었습니다.

안의 현감을 그만두자 백성들이 감사의 뜻으로 송덕비를 세우려 했습니다. 이 소식을 들은 박지원은 감영에 고발하여 주모자를 벌주겠다고 엄포를 놓았답니다. 이처럼 능력 있고 소탈한 공무원이 함양에서 근무했다는 사실에 진한 행복을 느낍니다.

생명의 숲 함양상림

역사인물공원 전경 2017.1.6.

문태서(1880~1912)는 용맹하고 정의로운 의병 대장입니다. 어려운 시기 자신과 가정은 뒤로한 채 국가와 지역 사회에 목숨 바쳤습니다. 1905년 을사늑약이 체결되자 구국 의병 활동에 나서기로 마음먹었습니다. 1906년 함양 안의로 내려와 60여 명의 의병을 모았습니다. 서상 남덕유산 아래에 있는 원통사에 본거지를 두고 활동을 시작했습니다. 경남, 전북, 충북, 경북 네 개 도를 넘나들며 신출귀몰한 활동을 보여주었습니다. 일본군마저도 무서워하는 '덕유산 호랑이'로 불렸답니다. 의병 활동 중에도 주민들에게 민폐를 끼치지 않고 잘 살펴주어 존경을 받았습니다. 2010년 고향인 서상면 상남리 1004번지에 사적 공원이 세워졌습니다.

유호인(1445~1494)은 함양상림 안쪽에 있는 죽장마을(옛 이름: 대덕)에서 살았습니다. 호를 뇌계(㵢谿)라 하였으니 고향 사랑이 컸으리라 짐작됩니다. 서정적이며 내면 세계를 관조하는 성품을 지녔습니다. 시와 문장에 뛰어난 능력을 보여 글을 좋아하는 성종에게 큰 사랑을 받았습니다. 그런데 남아있는 글 중에서 대관림에 관한 글을 아직 발견하지 못해 아쉽습니다. 대관림과 대덕마을에서 유호인의 활동에 관한 기록을 찾아보는 것은 하나의 과제로 남았습니다.

역사인물공원 서쪽 입구에는 함양군의 역대관리 선정비 30여 기가 남북으로 나누어져 서 있습니다. 원래 이 비석들은 고운교 옆 '상림(최치원 공원)'이라고 적힌 표지석 근처 길가에 늘어서 있었답니다. 그래서 비석거리라 했습니다. 이곳은 예전에 함양상림으로 드나드는 주요한 길목이었습니다. 예전에 비석거리는 권력과 위세가 돋보이는 중요한 장소였습니다. 역대관리 선정비를 다듬은 돌들은 제작 시기와 석질이 다른 다양한 형태를 하고 있습니다. 그래서 머릿돌의 문양과 석질, 그리고 비문의 글씨를 비교해서 살펴보는 재미도 있습니다.

이 비석군 속에는 1894년 동학농민운동에 불을 질렀던 고부 군수 조병갑의 비석도 있습니다. 조병갑의 비석은 지역에서 철거 문제를 놓고 말썽을 일으키기도 했습니다. 하지만 그대로 두는 대신 곁에 사연을 적은 안내판을 세워 놓았습니다. 조병갑은 1886년 4월부터 1887년 6월까지 1년 남짓 함양 군수로 있었습니다. 그 후 고부 군수로 가서 자신의 배를 채우면서 백성을 괴롭혔습니다. '우리'의 박지원과 극적인 대비를 이루는 '무리(無理)'의 인물이 되었습니다. 공인의 행동은 역사가 증언하여 영원한 기록으로 남게 되니 그 얼마나 무거운가요?

역대관리 선정 비석군 2016.4.19.   밀양박씨 열녀비   의병장 권석도 동상 2016.1.30.
2019.3.2.

　　남쪽으로 상수원 수원지 경계에는 밀양박씨 열녀비가 있습니다. 이 비석은 조선의 억압적인 사회상을 보여주는 징표입니다. 밀양박씨는 병든 남편이 죽자 3년 상을 치른 뒤 같은 날 같은 시간에 약을 먹고 죽었습니다. 안의 현감으로 있던 박지원이 1793년 쓴 『열녀함양박씨전』의 실제 인물입니다. 박지원이 짚었던 과부의 재혼은 이로부터 약 100년이 흐른 1894년 동학농민운동으로 허용되었습니다. 우리의 관념을 단단히 붙잡고 있는 관습 하나가 바뀌는 것이 이렇게 어렵습니다. 지금도 우리의 관혼상제 관습에 부조리한 폐단이 남아있지는 않을까요? 이 열녀비는 1797년에 처음 어딘가에 세웠다가, 2009년 역사인물공원으로 옮겨왔습니다.

　　북쪽 선정비 건너에는 권석도(1880~1946) 의병장 동상이 서 있습니다. 권석도는 1907년 군대 해산 직후 지리산 일대에서 의병 활동을 했습니다. 뒤에 각 고을의 부호·유지로부터 군자금과 무기를 모으는 역할을 맡았다고 합니다. 이 동상은 역사인물공원이 만들어지기 전인 1991년 6월에 후손들이 세웠습니다.

위천 둑에서 남으로 바라보는 지리산 능선 2016.8.4.　　　　　　천년교 2019.3.13.

위천과 천년교

　　위천 둑과 천년교는 함양상림에서 자연경관을 감상하기 좋은 뷰 포
인트입니다. 위천의 넉넉한 수원지와 탁 트인 산자락의 조망은 가슴을 시
원하게 열어줍니다. 2000년대 들어 천년교 아래 보를 막아 널찍한 수원지
가 생겨났습니다. 이 수원지에는 다양한 물새가 찾아오고 있습니다. 해질
녘 노을이 강물을 수놓을 때 잔잔한 파문을 일으키며 노니는 물새들을 보
고 있으면 마음에도 여유가 생겨납니다. 상림우물 근처 강둑의 나무의자에
앉으면 유장한 지리산 능선을 감상하기에 좋습니다. 시선을 아래로 두면
위천이 나직하게 흐르고, 고개를 들면 남쪽 저 멀리 지리산의 겹겹 파노라
마 경관이 시야를 가득 채웁니다. 예전에 선비들이 지리산으로 들어가는 관
문이었던 오도재도 보입니다.
　　천년교는 함양남서로 쪽에서 함양상림과 산책로를 이어주는 다리입
니다. 천년교 위에 서면 전혀 다른 뷰가 펼쳐집니다. 이곳 전망대에서 북으
로 바라보면 대봉산 능선과 백암산 풍경이 또렷하게 눈에 들어옵니다. 그

천년교에서 바라보는 자연경관 2021.5.2.

아래로는 위천의 수면이 거울같이 비치고 위천 둑을 따라 하천의 띠숲이 길 다랗게 누워 있습니다.

　천년교 전망대는 산과 물과 천년의 숲이 어우러진 아름다운 뷰 포인트입니다. 낙엽활엽수로 이루어진 띠숲은 위천 수원지를 거울 삼아 사시사철 다른 얼굴을 보여줍니다. 천년교 위에서의 경관은 어느 계절이건 뚜렷한 특징이 있습니다. 그 천연색 화장에는 찰나의 형상이 짙게 배어있습니다. 봄이면 파스텔 톤의 물감이, 늦여름 강바람에는 갈참나무 이파리가 뒤집히며 허연 물감이, 가을이면 졸참나무와 개서어나무의 지긋한 단풍 물이 배어납니다. 겨울이면 나목의 속살에 무채색 물감이 그림자로 드러납니다.

　천년교 위에서 바라보는 수원지 물결은 변화무쌍합니다. 바람과 햇

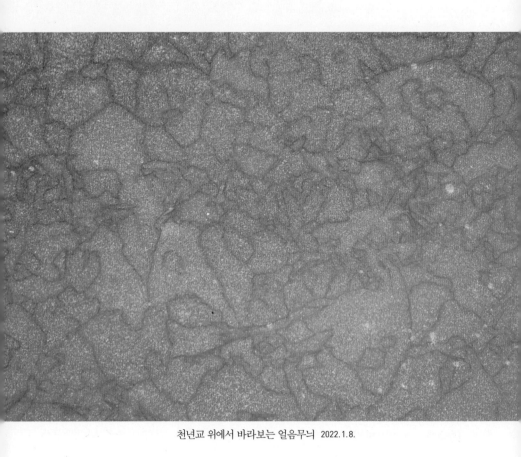

천년교 위에서 바라보는 얼음무늬 2022.1.8.

생명의 숲 함양상림

빛의 세기에 따라 전혀 다른 파문의 그림이 나타납니다. 바람의 빗질과 햇빛의 조율에 수면은 생동하며 춤을 춥니다. 별빛처럼 수면에서 반짝이는 오후의 햇살은 마음에 온기를 채워줍니다. 바위 곁에서 몸을 말리는 자라와 물질하는 물새들을 바라보는 재미도 있습니다. 가을 철새들이 수면에 내려앉는 탁월한 비행 솜씨를 보는 것은 덤입니다. 촉촉하게 비 내리는 수면은 우수에 젖게 합니다. 겨우내 꽁꽁 언 얼음무늬에서는 프랙털(fractal)로 나타나는 형상의 언어를 찾아볼 수 있습니다.

생태계를 떠받치는 풀

— 생태계의 풍성함을 더하는 풀꽃 이야기

풀꽃은 생태환경을 이루는 바탕입니다. 특히 마을숲의 생물 다양성을 높이는 귀한 존재입니다. 바닥이 휑하게 비어있는 마을숲은 생태계 구조를 갖추기 어려워 다양한 생명이 찾아들지 못합니다. 하지만 함양상림의 숲 아래에는 다양한 풀들이 무성하게 어우러져 있습니다. 낙엽활엽수(특히 참나무)로 이루어진 숲이라 풀꽃의 식생은 더욱 풍부합니다.

함양상림의 봄 숲에는 아름다운 풀꽃이 지천으로 피어납니다. 봄 숲의 풀꽃은 독특한 자연환경에 맞추어 진화해 왔습니다. 모든 식물은 햇빛을 간절히 원하지만, 모두가 원하는 만큼 햇빛을 받을 수는 없습니다. 우리도 원하는 것을 다 갖지 못하는 것처럼요. 낙엽활엽수림 아래 살아가는 풀꽃은 이것이 현실적인 생존 환경입니다. 하지만 이른 봄이라면 사정은 다릅니다. 숲의 뼈대를 이루는 큰 나무들이 아직 잎을 내지 않았기 때문입니다. 숲 아래에서 새싹을 내미는 풀꽃도 쨍쨍한 햇빛을 받을 수 있습니다.

현호색 2019.3.22.　　　산자고 2019.4.2.　　　꿩의바람꽃 2017.3.30.　　　연복초 2017.4.2.

봄을 일깨우는 풀꽃들

이때 봄 숲에서 자라는 풀꽃은 재빠르게 꽃을 피우고 열매 맺기를 마쳐야 합니다. 그리고 나면 다음 해를 위해 땅속뿌리에 영양분을 가득가득 채워둡니다. 뿌리가 잠을 자는 여러해살이풀꽃의 생태입니다. 이듬해 봄이면 자연의 순환은 어김없이 그 자리에 돌아옵니다. 새롭게 시작하려면 맞물려 돌아가는 톱니바퀴를 잠시도 멈출 수 없습니다. 봄 숲의 풀꽃은 서둘러 깨어나고 서둘러 잠자리에 들어야 하는 운명입니다. 그렇게 이 풀꽃들은 주어진 환경에 순응하며 또 환경을 개척하며 살아갑니다. 이른 봄의 풀꽃은 키가 10~20㎝로 작은 편입니다. 한정된 시간 동안 꽃을 피우고 열매를 맺으려면 키를 키우는 데 에너지를 쓸 형편이 못 됩니다. 에너지를 아껴 꽃과 열매를 기르는 데 최대한 쏟아야 합니다.

　　나무보다 광합성 조건이 불리한 봄 숲속의 풀꽃은 대개 곤충에 기대어 꽃가루받이합니다. 하지만 키가 작은 숲속의 풀꽃은 곤충을 만나지 못해 꽃가루받이에 실패할 수도 있습니다. 만약 그렇다면 큰일입니다. 그래서 차선책도 마련해 두었습니다. 뿌리줄기를 무성하게 뻗는 것입니다. 또 하나는 유전적 다양성을 포기하고 자기 꽃가루받이를 하는 것입니다. 이처럼 숲속의 풀꽃은 생존을 위한 안전장치를 여럿 갖추고 있습니다.

함양상림의 숲은 계절에 따라 다채로운 옷으로 갈아입습니다. 날마다 숲에 들어도 질리지 않는 새로움이 있습니다. 수많은 변화의 조건 속에 생명이 꿈틀대고 있기 때문입니다. 3월 중순에 들면 숲 아래 풀꽃이 화들짝 깨어나 봄 단장을 합니다. 현호색, 산자고, 연복초, 꿩의바람꽃, 개별꽃, 염주괴불주머니, 미나리냉이꽃이 연이어 꼬리를 물고 피어납니다. 숲의 바닥에 사는 가녀린 풀꽃을 보려면 허리를 잔뜩 숙여야 합니다. 봄은 아래로부터 옵니다.

현호색은 함양상림의 봄 숲을 제일 먼저 수놓습니다. 3월 중순이면 숲 전체에 고르게 피어납니다. 이때쯤 숲길을 걸으면 저절로 땅바닥에 눈길이 갑니다. 봄을 노래하는 작은 꽃송이들의 반가운 몸짓에 마음이 흐뭇해집니다. 보고 또 보아도 마주치는 꽃마다 눈인사를 전합니다. 함양상림에서 볼 수 있는 현호색은 잎 모양과 무늬가 굉장히 다양합니다. 댓잎처럼 길쭉하게 찢어진 것부터 통통하면서 뾰죽하게 갈라진 것, 빗살무늬를 하는 것, 둥글둥글하면서 점박이 무늬가 있는 것 등 다채로워서 서로 다른 느낌을 찾아보는 재미가 있습니다. 그중에는 금낭화를 닮은 잎도 있고, 투구꽃을 닮은 잎도 있고, 매발톱꽃을 닮은 잎도 있습니다. 이런 잎 모양과 무늬를 갖고 댓잎현호색, 빗살현호색, 애기현호색 등으로 구분해서 부르기도 합니다.

현호색꽃이 기다란 통꽃에 꿀주머니를 달고 입술을 호호 벌린 채 벌을 유혹합니다. 유혹에 이끌린 벌이 호호 입술에 날아옵니다. 현호색꽃은

함양상림에서 볼 수 있는 서로 다른 현호색의 잎 모양

금낭화나 꽃창포처럼 암술과 수술이 숨어있습니다. 그래서 그냥 눈으로 보면 암·수술이 보이지 않습니다. 벌은 머리를 디밀고 꽃잎을 헤쳐 꽃가루와 꿀을 찾습니다. 현호색 같은 좌우 대칭형의 꽃은 특히 벌이 주로 중매쟁이 역할을 한답니다. 꿀샘이 깊이 숨어있는 좌우 대칭형 꽃은 암술과 수술이 모두 벌의 특정 부위에 닿아 꽃가루받이에 유리하다는군요. 이처럼 꽃의 형태에 따라 어떤 곤충을 부르고 있는가를 알 수 있습니다.

국화과의 꽃은 둥그런 방사 대칭형을 이룹니다. 이런 형태의 꽃은 다양한 곤충이 마음껏 찾아올 수 있습니다. 곤충의 크기와 각도를 맞추어야 하는 좌우 대칭형의 꽃과 달리 어떤 각도에서도 접근할 수 있기 때문입니다. 곤충으로서는 까다롭지 않은 초대이니 마음이 한결 편하겠지요? 실제로 국화과인 개망초의 하얀 꽃이 피어날 때 매우 여러 종류의 곤충이 한꺼번에 모여있는 것을 본 적 있습니다. 미나릿과의 어수리도 작은 꽃들이 모여 둥그런 방석 모양을 하고 있는데, 이 꽃 역시 많은 곤충을 불러 모읍니

입술 모양의 꽃 2019.4.2.

활짝 꽃을 피운 현호색 2017.4.2.

다. 물론 국화과나 미나릿과의 꽃에도 벌은 찾아옵니다.

벌은 중매쟁이 중에서 가장 수가 많고 종류도 다양해서 찾아가는 꽃의 종류도 무척 많다고 합니다. 벌이 다양한 꽃의 형태와 꽃잎의 색깔 그리고 독특한 허니 가이드를 만드는 데 커다란 역할을 했다는 것을 짐작할 수 있습니다. 벌은 지구상에 없어서는 안 될 절대 생물종입니다. 벌은 자연의 꽃뿐만 아니라 농작물의 꽃가루받이에도 커다란 역할을 합니다. 전 세계 농작물의 80%가 꿀벌에 의존하고 있답니다.

그런데 지금 우리 곁에서 벌이 사라져가고 있습니다. 전 세계 2만여 종의 벌 중에서 8천여 종이 멸종위기에 있답니다. 우리 토종벌은 10여 년 전 낭충봉아부패병으로 80% 이상이 이미 사라졌고, 2022년 들어 꿀벌도 겨울을 지난 벌통이 텅 비어버리는 현상이 나타나고 있습니다. 꿀벌이 사라지는 이유는 아직 명확히 알지 못합니다. 넓은 차원에서 살충제와 자동차 배기가스에서 나오는 산화질소, 미세먼지, 바이러스, 서식지 파괴, 기후

현호색의 열매 2017. 4. 10.   씨앗에 붙은 엘라이오좀 2021. 4. 11.

변화 등이 그 이유로 밝혀져 있습니다. 거의 모두 우리 인간의 활동과 관련을 맺고 있습니다. 벌이 사라지면 야생식물의 번식뿐 아니라 먹이사슬에도 영향을 미쳐 생태계에 불균형이 생길 수 있습니다. 우리 인간은 심각한 식량 부족에 시달리겠지요?

현호색은 4월 중순이 지나면 열매를 맺는데 금낭화와 같은 열매 자루의 형태를 지니고 있습니다. 현호색과 금낭화는 같은 현호색과의 식물입니다. 꽃의 구조나 잎 모양도 상당히 닮았고, 열매의 형태나 익어서 벌어지는 것도 닮았습니다. 봄이 오면 우리 시골집에는 금낭화가 한가득 꽃밭을 이룹니다. 이때 금낭화의 꽃과 열매를 자주 관찰하곤 합니다. 금낭화 씨앗에는 엘라이오좀(elaiosome)이라는 하얀 영양 덩어리가 붙어있습니다. 열매가 익기를 기다렸다가 하얀 덩어리로 붙은 엘라이오좀을 찾아보았습니다. 개미는 엘라이오좀이 붙은 씨앗을 통째로 끌고 가서 영양식은 먹고 씨앗은 바깥으로 내다 버립니다. 그러면 금낭화 씨앗은 좀 더 먼 곳으로 후손을 보내 세력을 넓힐 수 있으니 서로에게 도움이 되겠지요.

엘라이오좀을 만들어 개미와 공생하는 식물은 생각보다 많습니다.

제비꽃이 제일 잘 알려졌고, 그 외에 광대나물, 애기똥풀, 얼레지, 금낭화 등이 있습니다. 현호색도 으레 엘라이오좀으로 개미와 공생합니다. 현호색 열매가 익어갈 즈음 벌어진 꼬투리 사이로 하얀 엘라이오좀이 붙은 씨앗을 발견했습니다. 금낭화와 똑같은 형태입니다.

숲에서 산자고는 현호색과 비슷한 생활환경에서 같은 시기에 꽃을 피웁니다. 산자고는 들판이나 야산의 양지에서 자라기도 합니다. 해안가 언덕에서도 볼 수 있으니 봄볕을 많이 받아야 하는 식물로 보입니다. 산자고는 터가 비좁을 정도로 무리 지어 자라는 특성이 있습니다. 하지만 외잎이라 땅바닥을 완전히 덮을 정도는 아닙니다. 산자고꽃은 초롱초롱 청초함이 있습니다. 가녀린 잎새 하나에 외대의 꽃줄기를 날렵하게 뽑아 올립니다. 피어나는 꽃잎의 바깥쪽에 짙은 자주색 줄무늬가 또렷하게 가지런합니다.

산자고는 여섯 장의 하얀 꽃잎 안쪽에 노랑 초록의 무늬가 있습니다. 이 노랑 무늬 속에는 곤충을 부르는 비밀이 숨어있습니다. "여기로 들어와. 이곳에 꿀이 있어!" 하고 곤충을 부르는 '허니 가이드(honey guide)'입니다. 허니 가이드는 비행기가 내려앉을 때 활주로에 비유되곤 합니다. 이처럼 허니 가이드는 날아다니는 곤충을 위한 것으로 보입니다. 산자고꽃에는 개미도 파리류도 벌도 찾아옵니다. 줄기를 타고 기어 올라온 개미한테도 이 문양이 의미가 있는지는 의문입니다.

매개 곤충에게 인기 있는 꽃의 색과 형태를 갖추고 있으면 꽃가루받이에 성공할 확률이 높아질 것입니다. 새로운 것은 늘 우리의 호기심을 부추깁니다. 곤충도 크게 다르지 않을 것 같습니다. 꽃들이 끊임없이 분화하고 변화해온 이유일지도 모릅니다. 마찬가지로 허니 가이드도 이러한 새로

◁ 벌어지는 꽃망울 2019.3.21.　△ 햇빛을 받으며 피어나는 꽃 2019.4.2.　▷ 자라나는 열매 2019.4.1.

산자고꽃의 개화

파리류 2019.3.22.　　　　개미 2017.4.8.　　　노란 초록빛의 허니 가이드 2017.4.4.

꽃에 꿀을 따러 온 곤충들과 허니 가이드

움의 연속선에 있는 것이 아닌가 싶습니다. 새로움은 호기심 가득한 눈빛 앞에 어느 날 갑자기 짠~ 하고 나타날지도 모릅니다. 우리 주변에 궁금한 것이 있다면 오래도록 바라볼 필요가 있겠습니다. 사랑스러움을 알고 내면의 가치를 알려면 오래 바라보아야 할 일입니다.

함양상림에서 꿩의바람꽃은 귀한 족속입니다. 개체수가 적어서 귀하기도 하지만, 주변에서도 쉽게 만나기 어렵습니다. 자연식생이 잘 어우러진 산속에서 자라는 풀꽃이기 때문입니다. 꿩의바람꽃은 하나의 꽃대에서 한 송이 새하얀 꽃을 피웁니다. 잎 모양은 미나리아재빗과 특유의 생김새를

활짝 꽃을 피운 산자고 2021.3.26.

생태계를 떠받치는 풀

꿩의바람꽃 2019.3.22.   연복초 2017.4.2.   나도물통이 2019.3.23.

보여줍니다. 개구리발톱이나 매발톱꽃의 잎과 아주 비슷하게 생겼습니다. 동글동글한 잎의 표면이 무척 매끈해서 물방울도 굴러다닐 정도입니다.

꿩의바람꽃은 동쪽 산책로 가 손바닥연못 근처와 북쪽으로 100m쯤 위쪽에서 자랍니다. 꽃무릇과 같은 자리에서 시기를 달리하여 피어납니다. 꽃이 지고 나면 쇠무릎과 주름조개풀 그리고 많은 들풀이 이곳에서 빼곡하게 자라납니다. 잎이 스러진 가을에는 꽃무릇이 피어나 뒤덮습니다. 꿩의바람꽃의 자리는 고립무원의 전장 같습니다. 이 경쟁 속에서도 뿌리줄기가 살아남아 다음 해에 또 잎을 내고 꽃을 피우는 것이 아주아주 대견해 보입니다.

함양상림 문화관광해설사의 말을 들어보니 예전에는 숲속에 꿩의바람꽃이 많았다고 합니다. 그동안 숲 아래에 자라는 풀꽃에는 누구도 관심을 두지 않았으니, 함양상림 풀꽃들의 식생이 어떻게 바뀌어 왔는지 전체적으로 가늠하기도 참 어려운 일입니다.

함양상림의 숲에서 식물을 관찰하면서 처음 나도물통이를 보았습니다. 식물 공부를 하다 보면 처음 만나는 식물이 그렇게 반가울 수 없습니다. 나도물통이는 중앙숲길 북쪽 죽장마을을 가로지르는 도로를 중심으로 개울을 따라 남북으로 넓게 퍼져 있습니다. 키는 채 10㎝를 넘지 않는데 군락으로 모여 사는 것을 좋아하나 봅니다. 이른 봄에 꽃이 피지만 꽃송이가 너무너무 작습니다. 작은 꽃잎과 꽃술의 형태로 볼 때 벌이나 나비가 꽃가루받이하는 것 같지는 않습니다. 꽃무릇을 심어놓은 터전 사이에서 비좁게 공생하고 있습니다. 나도물통이 군락은 꽃무릇을 심기 전에는 더 활력 있게 퍼져 있었을 것으로 보입니다. 이 식물의 생명력이 그렇게 약해 보이지는 않습니다.

연복초는 정말 작고 가녀린 풀꽃입니다. 너무 작아서 아무리 지나쳐 다녀도 관심 있게 보지 않으면 이런 풀꽃이 있는지도 모릅니다. 하지만 나도물통이에 비하면 꽃이 큰 편입니다. 연복초잎은 꿩의바람꽃과 닮은 듯하지만, 색깔이 좀 더 칙칙하고 작은 잎이 좀 더 까칠하게 갈라져 있습니다. 털도 좀 있는 것 같고 아무튼 잎의 느낌이 완전히 다릅니다. 꿩의바람꽃처럼 무리 지어 자라는 특성이 있습니다. 꽃이 필 때 접사 렌즈를 계속해서 들이대며 사진을 찍어 와서 꽃을 확대해 보았습니다. 작은 꽃 다섯 송이가 방망이처럼 모여서 동서남북 그리고 위쪽을 보고 있습니다. 서로 겹치지 않게 자신들의 위치를 확실히 정해둔 것 같습니다. 쪼그마한 꽃의 색은 화려하게 튀지도 않습니다.

이른 봄 풀꽃들의 새싹 사진을 한곳에 모아봤습니다. 그랬더니 각 식물종마다 다르게 나타나는 잎의 생태 변화가 궁금해졌습니다. 새싹이 올라오는 이른 봄의 이파리와 성숙한 이파리를 비교하면서 이 풀꽃들을 살펴

확대한 연복초 꽃차례 2022.4.12.

봤습니다. 같은 시기 같은 장소에 사는 풀꽃들을 한자리에서 비교해 보는 것은 의미 있는 일인 것 같습니다. 어떤 차이점이나 공통점 등 실마리를 찾을 수도 있으니까요.

꿩의바람꽃은 새순이 나올 때는 흙빛을 하고 있습니다. 점점 자라면서 밝은 녹색이 됩니다. 산자고나 개별꽃도 비슷한 특성을 보입니다. 연복초는 잎이 다 자라도 그리 큰 차이를 보이지 않는 듯합니다. 들현호색은 조금 다른 생육 특성을 보여줍니다. 어린잎의 맥을 따라 완전히 대비를 이루는 붉은빛 무늬가 들어있습니다. 이것은 마치 유독식물이 "난 독이 있어!" 하고 이야기하는 것 같습니다. 잎이 조금 더 자라나면 이 무늬는 거짓말처럼 없어집니다. 현호색과 식물은 실제로 독성이 있는 것으로 알려졌지만, 뿌리의 덩이줄기를 약재로 쓴다고 합니다. 중앙숲길 가에서 많이 보이는

산자고 어린잎 2020.2.20.   자라난 잎 2016.3.31.

연복초 어린잎 2017.3.20.   자라난 잎 2017.3.28.

꿩의바람꽃 어린잎 2019.3.23.   초록빛으로 자라난 잎 2016.4.12.

봄 풀잎들의 생장 변화

왜제비꽃은 어린잎의 뒷면이 짙은 자주색을 띱니다. 어린잎의 아랫부분은 고깔처럼 동그랗게 말려 있습니다. 잎은 점점 자라나면서 평평하게 펴지고 자주색도 없어집니다. 염주괴불주머니 어린잎은 은빛 깃털처럼 모여서 올라옵니다. 자라면서 밝은 초록빛으로 변합니다.

3월 초순이 되면 숲에 산자고 햇잎이 올라옵니다. 납작하고 길쭉한 잎은 한눈에 알아볼 수 있습니다. 그런데 어느 날 보니까 산자고인 줄 알

들현호색 어린잎 2019.3.23.   초록색의 성숙한 잎 2017.4.13.

왜제비꽃 어린잎 2017.4.4.   한여름의 성숙한 잎 2017.8.3.

염주괴불주머니 어린잎 2017.3.26.   한여름의 성숙한 잎 2020.8.17.

봄 풀잎들의 생장 변화

았던 그 어린잎 사이에서 아주 작은 꽃송이가 피어났습니다. 처음에는 산
자고 꽃망울이 이렇게 조그맣게 올라오나 보다 했습니다. 나중에 알고 보
니 전혀 다른 식물인 '달래'라고 합니다. 집 뜰이나 밭가에 나는 봄나물이
면서 재배하여 마트에서 팔기도 하는 달래하고도 완전히 다르게 생겼습니
다. 도감을 뒤져보니 여태 달래라고 여겼던 식물은 이름이 산달래라고 나
와 있습니다. 진짜 달래는 그동안 한 번도 본 적이 없었던 것이지요. 그런

신달래에 견줘 더 큰 식물인 달래 ◁ 암꽃 2019.4.2. ∧ 수꽃 ⓒ 김영기 ▷ 2017.4.2.

달래를 함양상림에서 처음으로 만나게 되었습니다.

산달래잎은 단면이 둥글지만, 달래잎은 산자고잎처럼 납작한 모양입니다. 꽃도 완전히 다릅니다. 산달래는 길게 올라온 줄기에 연한 붉은빛이 감도는 하얀 꽃을 피웁니다. 알고 보니 이 꽃은 암꽃이었습니다. 수꽃은 더 드물게 핀다고 하는데 아직 숲에서 발견하지는 못했습니다. 그런데 페이스북 그룹 〈야생화를 사랑하는 사람들〉에서 활동하는 김영기 선생이 사진을 쓰도록 허락해주어 귀한 수꽃 사진을 싣게 되었습니다. 달래는 초본류에서 흔하지 않은 암수딴그루 식물입니다. 함양상림 곳곳에서 군생하는 달래의 잎을 많이 볼 수 있습니다. 무수한 잎에 비해 꽃은 그리 많이 피우지 않습니다. 꽃은 3월 말쯤 피어납니다. 잎을 하나 뜯어 씹어보니 예전에 먹던 달래(산달래) 하고 같은 맛이 납니다. 알리움속(Allium-屬) 식물의 특징인 알싸한 냄새입니다.

4월에 피어난 개별꽃은 봄 숲을 환하게 밝혀줍니다. 하얀 꽃송이가 한 무리로 피어나면 수수하고 소박한 우리네 정서를 닮은 풀꽃이란 생각이 듭니다. 함양상림 봄 숲에서도 흐드러지게 핀 개별꽃을 볼 수 있습니다. 개

꽃 피우기 전의 잎 2017.4.10.　　　　개별꽃 2019.4.16.　　　커다란 잎과 성숙한 씨앗 2017.5.25.

개별꽃의 생장 변화

별꽃은 꽃이 지고 5월이 되면 잎이 몰라보게 커집니다. 이제 꽃에 집중했던 영양분을 열매로 돌리고 뿌리줄기로도 보내야 할 때입니다. 개별꽃의 잎은 위에서 보았던 이른 봄의 풀꽃처럼 일찍 잠자리에 들지 않습니다. 끝이 말라가는 짙푸른 잎을 가을까지 달고 있습니다. 개별꽃은 잠을 자는 대신 희미한 햇빛이라도 받으며 계속 광합성을 하는 쪽을 선택한 것 같습니다. 5월 말 개별꽃이 씨앗을 토하는 모습을 본 적이 있습니다. 꼬투리는 어김없이 땅을 보고 고개를 숙입니다. 한껏 넓어진 잎 위에 힘없이 드러누운 꼬투리에서 까만 씨가 쏟아져 나왔습니다. 마치 고향 언덕으로 머리를 두고 눈을 감는 여우의 모습 같습니다. 씨앗은 그렇게 땅속으로 돌아가기를 학수고대합니다. 그리운 어머니 대지의 품에 안기는 것입니다.

　　4~5월 숲 아래에선 왜제비꽃, 들현호색, 미나리냉이, 염주괴불주머니에 이어 큰애기나리, 광대수염, 윤판나물의 꽃들도 다투어 피어납니다. 이른 봄 숲의 꽃들은 이제 하나둘 지고 있습니다. 꽃을 피운 현호색, 산자고, 꿩의바람꽃, 연복초 종류는 잎과 줄기를 거두어들인 채 땅속에서 다음 해를 기다리며 긴 휴식에 듭니다. 그런가 하면 개별꽃, 제비꽃, 염주괴불주머니 종류는 오래도록 숲속에서 잎을 달고 있습니다. 개별꽃, 왜제비꽃은 꽃

왜제비꽃 2017.4.4.

큰애기나리 2020.4.30.

긴사상자 2020.4.23.

봄 숲의 풀꽃들

이 지고 나면 광합성을 위한 햇빛을 조금이라도 더 받으려고 잎을 잔뜩 키웁니다. 나중에 보면 이게 같은 식물이 맞나 싶을 정도로 몰라보게 커집니다. 더 많은 광합성으로써 열매를 튼튼히 하고 뿌리에 영양분을 채우려는 지혜가 아닐까 싶습니다. 염주괴불주머니는 숲 가장자리에 사는데 7월 이후에도 어린잎과 노랗게 핀 꽃을 볼 수 있습니다. 줄기가 꺾이면 새순이 나와 꽃을 피우는 강한 생명력도 엿볼 수 있습니다.

이렇게 살펴보니 비슷한 시기에 피어나는 봄 숲의 풀꽃이라도 저마다 독특한 개성대로 살아간다는 것을 알게 됩니다. 풀꽃의 세계에서는 줏대 없이 무조건 따라가는 일은 없습니다. 자신이 밟고 선 땅에서 개성대로 생존 방법을 찾고 알뜰하게 후손을 이어 놓습니다. 이 작은 풀꽃들의 생존에도 절박함이 있고, 그 너머로는 생명의 경이로움이 있습니다.

왜제비꽃은 햇볕이 잘 드는 중앙숲길 가장자리에서 흔하게 볼 수 있습니다. 제비꽃 중에서도 꽃이 예쁘고 단아해서 보기가 좋습니다. 큰 특징이 어린잎의 뒷면에 짙은 자줏빛이 나는 것입니다. 제비꽃 종류는 전국적으로 다양하게 퍼져 있습니다. 들판에도 숲속에도 높은 산에도 저마다 자리를 잡고 살아갑니다. 사돈의 팔촌까지 씨족을 이루어 놓고, 자유롭게 왕래

활짝 핀 미나리냉이꽃 2016.4.19.　　　　　　　꽃이 진 모습 2016.5.1.

하면서 연애하고 번식합니다. 제비꽃은 곤충이 중매쟁이가 되어 유성번식
을 합니다. 하지만 가을에는 저 혼자서 무성번식도 합니다. 이때 중매쟁이
는 필요 없습니다. 꽃을 피우지 않고 폐쇄화의 상태로 열매를 맺어 자가수
정 하기 때문입니다. 아무튼 번식력이 대단한 집안입니다. 제비꽃을 공부
하는 사람들은 까다롭고 머리가 아플지 모르지만, 씨족의 번성과 유전적
다양성에서는 대단한 성공을 거둔 집안입니다. 이런 식물군은 기후 위기와
같은 극한 상황에서도 어떤 개체는 살아남을 확률이 높습니다. 유전적 다
양성은 불안한 미래에 대처하는 든든한 보험입니다.

　　미나리냉이는 동쪽 산책로나 중앙숲길을 걸으면 흔하게 볼 수 있습
니다. 미나리냉이는 이른 봄의 여느 풀꽃과 달리 훌쩍 자란 키에 작은 꽃들
이 뭉쳐 달립니다. 부드럽고 선한 이미지가 있습니다. 4월 중앙숲길 들머리
에 미나리냉이꽃이 피어 하얀 꽃밭이 되었습니다. 이 꽃밭에 큰흰줄나비가
찾아왔습니다. 큰흰줄나비의 애벌레는 미나리냉이잎을 먹고 나비로 우화

미나리냉이꽃에서 꿀을 빠는 큰줄흰나비 2021.4.11.

한 뒤에도 다시 미나리냉이를 찾아와 꿀을 빤다고 합니다. 큰흰줄나비 애벌레는 미나리냉이처럼 십자화과 식물의 잎을 먹고 산다고 합니다. 이처럼 어떤 식물이 특정 곤충과 깊은 관계를 맺는 것은 서로 도움이 되기 때문입니다. 곤충은 잘 알고 있는 먹이라 안전하게 식사를 즐길 수 있고, 식물은 같은 종류의 꽃가루만 옮겨주니까 수정에 성공할 확률이 높아집니다. 식물과 곤충은 공진화를 통해 다양하고 경이로운 세상을 열어왔습니다. 이것이 꽃 피는 식물이 일으킨 자연사의 대혁명입니다. 지구 역사에서 인류의 농업혁명, 산업혁명 등등은 비교가 되지 않습니다.

큰애기나리는 동쪽 산책로 가에서 무리를 이루어 자랍니다. 애기나리보다 훨씬 커서 큰애기나리라는 이름이 붙었습니다. 함양상림에서 애기나리는 잘 보이지 않습니다. 이 집안은 뿌리줄기가 해마다 계속 뻗어나가면서 무성번식을 즐겨합니다. 부모 세대와 후손이 똑같은 유전자를 가진 것이지요. 뿌리줄기로 무성번식 하는 식물은 대부분 무리 지어 삽니다. 우리가 잘 아는 대나무나 고소한 차로 먹는 둥굴레도 마찬가지입니다. 무리 짓는 덕분에 애기나리나 둥굴레는 줄기가 뜯겨 나가거나 자생지 일부분이 파헤쳐져도 큰 위협을 받지 않습니다. 자신의 몸을 나누어서 번식할 뿐만 아니라 생명력도 엄청나게 강하니까요. 파내도 파내도 다시 돋아나는 대나무를 보면 금방 실감이 납니다.

무성생식을 하는 이 식물들도 꽃을 피웁니다. 그런데 예전에 단옷날 머리를 감는 데 썼던 창포는 꽃을 피우기는 하지만, 씨는 맺지 못합니다. 사람들이 오래도록 약초와 향료작물로 재배해 온 탓인지도 모르겠습니다. 농작물처럼 오래도록 의지하며 관리를 받다 보면 야생성을 잃어버립니다. 그러면 다시는 예전으로 돌아가지 못합니다. 유성생식 수단을 버리는 것은

들현호색	염주괴불주머니	광대수염	윤판나물	은대난초
2017.4.13.	2016.4.19.	2020.4.28.	2020.4.30.	2022.4.28.

봄 숲의 풀꽃들

대단한 위협이 될 수 있습니다.

　큰애기나리는 동글동글 윤이 나는 잎과 앙증맞은 우윳빛 꽃이 눈길을 끕니다. 똑 부러지게 선명하고 또렷한 외모가 작고 귀엽습니다. 그곳에 사는 식물의 종류를 보면 토양 상태를 알 수 있습니다. 함양상림이 예전에 선상지 하천이었으니 바닥에는 자갈돌이 가득 쌓여있습니다. 그 위에 부엽이 쌓이면서 지금의 조건이 만들어졌습니다. 그래서 토질이 좋고 물 빠짐이 좋습니다. 큰애기나리뿐 아니라 현호색, 산자고, 개별꽃도 이런 땅을 좋아합니다.

　들현호색은 습기가 있는 곳을 좋아하는 듯합니다. 손바닥연못 주변이나 동쪽 산책로 가에서 주로 볼 수 있습니다. 논둑에서도 보입니다. 같은 속(屬)에 묶여 있지만, 현호색하고는 꽃 색이 완전히 다릅니다. 현호색은 다양한 꽃 색을 선보이지만, 들현호색은 늘 자주색 꽃을 피웁니다. 참 한결같습니다. 현호색처럼 6월 이후에는 잎이 말라서 없어집니다. 들판에서 주로 자라 햇빛의 영향을 거의 받지 않을 것 같은데도 사라지는 것을 보

염주괴불주머니 2021.4.6.　　　무리 지어 핀 꽃 2016.4.25.　　　염주 모양을 닮은 열매 2017.5.25.

염주괴불주머니 생장 변화

면 가족의 유전적 특성인지도 모르겠습니다.

　　괴불주머니는 산괴불주머니, 자주괴불주머니, 눈괴불주머니 등 여러 종류가 있습니다. 함양상림에서 볼 수 있는 것은 거의 모두 염주괴불주머니입니다. 열매를 보면 왜 이런 이름이 붙었는지 금방 알 수 있습니다. 열매 꼬투리가 염주처럼 올록볼록 늘어져 있거든요. 4월 초부터 7월까지 끈질기게 꽃을 볼 수 있습니다. 줄기도 한 번 꺾이면 다시 움이 돋아나는 생명력이 아주 강한 풀꽃입니다. 2022년 봄 상림숲에 은대난초가 피어난 것을 처음으로 봅니다. 함양상림에서 또 한 종의 자생 풀꽃을 발견하다니, 화들짝 놀라는 순간입니다. 그동안 왜 보이지 않았을까요?

　　4월 중순 큰꽃으아리 마른 줄기에서 새싹이 돋아났습니다. 덩굴성 풀꽃이지만 겨우내 줄기가 살아있어 곧바로 잎을 내밀었습니다. 새잎이 나오면 잎자루는 덩굴손 역할을 하여 곁에 있는 나무를 재빨리 붙잡고 오릅니다. 그래야 햇빛을 잘 받아 꽃 피우고 바람에 열매를 멀리 날려 보낼 수 있기 때문입니다. 이런 조건을 만족하려면 숲 안쪽보다는 가장자리가 유리합니다. 그래서 큰꽃으아리는 주로 숲 가장자리에 자리를 잡고 살아갑니다. 큰꽃으아리는 함양상림에서 제일 큰 꽃을 피웁니다. 우리 주변에서

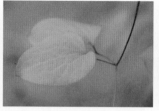

큰꽃으아리 2019.4.30.　　　덩굴손 역할을 하는 잎 2019.4.30.　　　풋열매 2017.5.18.

큰꽃으아리 생장 변화

볼 수 있는 야생 풀꽃 중에서도 가장 큽니다. 가느다란 덩굴줄기에서 어떻게 이리 큰 꽃을 피우는 것일까요? 피어나는 꽃봉오리를 보면 꽃받침이 따로 없습니다. 꽃잎처럼 하얗게 펼쳐지는 꽃봉오리 잎은 사실 꽃받침입니다.

　열매 맺은 큰꽃으아리는 10월이 되면 누렇게 씨가 익습니다. 열매는 마른 줄기에 붙은 채로 겨울을 납니다. 할미꽃과 같은 미나리아재비과 식물입니다. 그래서 할미꽃처럼 씨앗에 연결된 꼬리털을 이용하여 바람을 타고 날아갑니다. 씨앗은 크기도 크지만 뻣뻣하고 억센 편입니다. 그래서 좀 더 센 바람이 필요할 것 같습니다. 바람이 불면 하나둘 떨어져 나가지만 2월까지도 남아 있습니다. 이렇게 시간을 두고 조금씩 씨앗을 날려 보낼 수 있습니다. 숲 가장자리에 큰꽃으아리가 흔하게 보이는 것을 보면 번식하는 데 큰 문제는 없나 봅니다. 숲 아래를 보면 어린 개체들도 많이 자라고 있습니다.

　인동덩굴은 겨울 추위를 이긴다고 하여 인동(忍冬)이라는 이름이 붙었습니다. 사실은 덩굴식물 대부분이 나무와 풀의 중간 형태로 줄기가 살아서 거뜬히 겨울 추위를 이겨냅니다. 그러니 인동이란 이름에 논리적인 이유는 없는 것 같습니다. 식물의 이름이란 것이 항상 논리적이고 뚜렷한 규

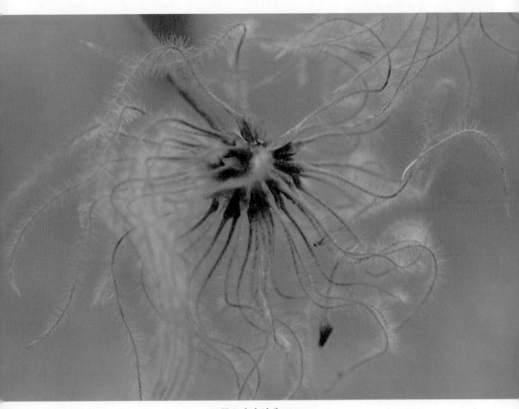

큰꽃으아리 열매 2017.1.2.

생명의 숲 함양상림

피어나는 인동덩굴 흰 꽃 2019.5.31.   흰 꽃과 섞여 있는 노란색 꽃 2017.6.2.

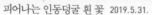

인동덩굴 꽃색의 변화

칙을 갖는 것은 아닙니다. 뜻밖에 붙여진 이름도 자꾸만 불러주면 나중에
는 당연한 이름이 되고 맙니다. 남쪽 지방에서 인동은 겨우내 멍이 든 이파
리를 달고 있지만, 중부 이북에서는 잎이 지기도 한답니다. 추위의 정도에
따라 잎을 달고 있을지 버릴지 스스로 결정하는 모양입니다.

　5월 말이 되면 인동덩굴꽃이 숲 가장자리에서 얼굴을 내밉니다. 입술
이 찢어지도록 쫙 벌린 특이하게 생긴 통꽃입니다. 멀찍이 마중 나온 암술
머리가 구슬 같습니다. 수술보다 앞으로 튀어나와 있어서 꽃가루받이에 유
리하게 보입니다. 인동덩굴은 밤에 달콤한 향기가 나는 꽃을 피웁니다. 긴
꽃부리를 가진 꽃의 향기는 멀리까지 날아가 야행성 곤충을 끌어들인다고
합니다. 중매쟁이 역할을 해줄 나방을 부르는 것입니다. 그러고 보니 인동
덩굴은 달맞이꽃이나 박꽃처럼 밤에 활동하는 것이 더 유리한 꽃입니다. 누
가 시키지도 않았을 터인데 그렇게 적응하고 진화해 온 것입니다. 야생의
모습을 보면 하나의 틀 속에 가두거나 똑같은 패턴으로 획일화되는 일은
찾아볼 수 없습니다. 야생에서는 저마다의 방식대로 다양성을 갖고 변화

노루발풀 ◁ 2021.5.9. ▷ 2021.6.6.

무쌍하게 살아가는 모습을 수도 없이 보게 됩니다. 자연선택으로 일어나는 진화의 형태와 방식이 무척이나 다양하고 예측할 수 없이 변화무쌍하기 때문일 것입니다.

한방에서는 인동꽃을 금은화(金銀花)라고 부릅니다. 꽃이 하얗게 피었다가 노랗게 지기 때문입니다. 꽃이 시기에 따라 색을 바꾸는 이유는 무엇일까요? 중매쟁이인 나방에게 아직 수정이 안 되어 꿀이 많은 꽃임을 알려주는 것입니다. 실제로 야간에만 활동하는 나방이나 박쥐는 향기가 나는 흰색 꽃을 더 쉽게 찾는다고 합니다. 인동덩굴은 나방이 쉽게 꿀을 찾을 수 있도록 꽃가루받이가 이루어진 꽃은 노랗게 색깔을 바꾸는 것이라 합니다. 노란 꽃의 수술을 보면 확실히 뒤로 젖혀진 것을 알 수 있습니다. 흰 꽃은 모두 앞을 내다보고 있습니다. 밤에 피는 인동덩굴꽃이 이렇게 적극적으로 행동하면 꽃가루받이에 좀 더 유리하지 않을까요? 귀한 손님, 매개 곤충의 헛수고를 덜어주는 것이니까요. 유형이 좀 달라 보이긴 하지만 병

하늘말나리 2018.6.27.

꽃나무의 꽃은 미색으로 피었다가 질 때는 붉게 변합니다. 그 이유도 인동
덩굴의 꽃 색이 변하는 것과 비슷할 수 있겠습니다.

함양상림 아래에서는 노루발풀을 심심찮게 볼 수 있습니다. 낙엽활
엽수림에서 흔하게 볼 수 있는 풀꽃입니다. 이파리가 상록이라 겨울에도 푸
른 잎을 달고 겨울을 납니다. 노루발풀은 땅속줄기를 옆으로 뻗으면서 자
란다고 합니다. 솔숲 아래 척박한 땅에서도 자라는데 뿌리줄기에 균류가
공생하기 때문이랍니다. 그래서 잔뿌리를 많이 내지 않고도 생명을 잘 유
지할 수 있답니다. 사실 균류는 식물을 키워내는 숨은 공로자입니다. 식물
의 뿌리보다 훨씬 가늘고 길게 뻗을 수 있어서 모자라는 물을 보충해 주고
그 대가로 당분을 얻어 공생합니다. 노루발풀은 낙엽이 분해되어 무기질로
돌아가는 자연순환을 알려주는 지표종이라고 합니다.

2018년 6월 말 숲에서 꽃을 피운 하늘말나리를 봅니다. 중앙숲길이
끝나는 지점에서 대죽마을로 들어가는 도로와 만나는 곳입니다. 하늘말

파리풀꽃에서 꿀을 빠는 큰줄흰나비 2021.7.22.

나리는 깊은 산속에서 볼 수 있는 식물입니다. 하늘말나리는 꽃을 피운 개체수가 많지 않았는데 혹시 꽃무릇을 심으면서 따라온 것인지도 모르겠습니다. 2018년 이후에는 꽃을 피우는 것을 보지 못했습니다. 반면 북쪽 숲길 가에는 가는장구채와 하얀 별꽃 무리가 은하수가 흐르듯 피어났습니다. 중앙산책로 가장자리에는 이삭여뀌의 조그맣고 붉은 열매가 많이 맺혀 있습니다. 파리풀, 박주가리, 담배풀, 나팔꽃, 싸리꽃 등 여름 풀꽃이 피어 있습니다.

　7월쯤 피어나는 파리풀꽃은 작고 볼품없어 눈길을 쉽게 받지 못합니다. 하지만 그것은 우리의 생각일 뿐입니다. 파리풀꽃이 피면 큰줄흰나비가 날아옵니다. 이 꽃 저 꽃 꼼꼼하게 날아다니며 꿀을 빱니다. 이 작은 파리풀이 나비를 부를 수 있는 것은 나누어주는 것이 있기 때문입니다. 덕분에 파리풀은 작고 볼품없어도 자기의 목적을 이룹니다. 예전에 파리를 잡는 데 썼다고 하니 이 가녀린 풀꽃도 파리를 해칠 만한 독성을 갖고 있나 봅니다.

숲속의 여름 풀꽃은 바쁠 필요가 없습니다. 이미 숲은 짙어질 대로 짙어졌습니다. 하지만 모자라는 햇빛을 어떤 방법으로 해결할 것인가를 고민해야 합니다. 숲속에 사는 풀꽃은 잎의 두께는 얇게 하고, 넓이는 키웁니다. 그래서 잎이 연하고 부드럽습니다. 햇빛이 모자라는 곳에서는 잎의 표면적을 키워야 광합성에 유리하기 때문이죠. 숲 가장자리에서 적응하며 살아가는 이삭여뀌, 털이슬, 파리풀 등의 잎을 살펴보면 얇고 부드럽습니다. 반대로 햇빛을 많이 받으며 사는 풀잎은 도톰하고, 표면적은 상대적으로 작습니다. 이 원리는 나무에도 똑같이 적용됩니다.

여름 풀꽃은 오랜 시간을 두고 햇볕을 받으며 잎과 줄기를 튼튼하게 하고 키를 훌쩍 키웠습니다. 이들 식물이 봄의 풀꽃보다 키가 크다고 하더라도 초원의 벼과 식물처럼 바람을 이용한 꽃가루받이를 하는 것은 어렵습니다. 다른 풀꽃과 뒤엉켜 있을 뿐만 아니라, 이미 숲속은 나뭇잎으로 꽉 차 있기 때문입니다. 숲에는 이미 온갖 곤충들이 무성하게 자리를 잡고 있습니다. 그래서 여름 풀꽃은 주로 곤충을 중매쟁이로 삼습니다. 곤충들은 잎과 줄기를 뜯어 먹을 위험이 크지만, 꽃가루를 날라다 주고 씨를 옮겨주는 숲의 중요한 공생자입니다. 꽃가루받이를 곤충에 의지하면 여기저기 흩어져 있는 동족을 만날 기회가 훨씬 늘어납니다. 이 덕분에 숲속에서 몇 그루만 살아가는 풀꽃도 알뜰한 열매를 맺을 수 있습니다.

함양상림에서 가는장구채는 눈여겨보아야 할 귀한 식물 중 하나입니다. 우리 특산식물이니까요. 야생에서는 2021년 소백산 자락에서 딱 한 번 본 적이 있습니다.

함양 대봉산에서 산림치유지도사로 근무하는 선생님이 대봉산에 가

가는장구채 2016.7.18.

자라나는 새싹 2017.4.2.

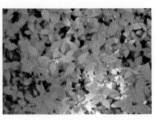
가는장구채 군락 2015.8.31.

는장구채가 많이 자란다고 귀띔해 주었습니다. 대봉산에 자라는 가는장
구채는 함양상림과 연결고리가 될 수 있으니 중요한 정보입니다. 가는장구
채는 함양상림 북쪽 숲길 가에 무리 지어 많이 자랍니다. 중앙숲길을 따라
서도 제법 많이 흩어져 있습니다. 꽃은 7월이 되면 피어납니다. 아주 작은
크기의 하얀 꽃이 앙증맞습니다.

　　2017년 6월 말 가는장구채잎이 모두 아래로 축 처져있는 것을 보았
습니다. 한동안 비가 오지 않은 탓입니다. 가뭄의 징조는 나무보다는 작
고 가녀린 풀꽃에서 먼저 나타납니다. 그럴 수밖에 없는 게 세상 이치겠지
요? 7월 초 천둥과 함께 소나기가 쏟아지더니 말라가던 잎이 깨어났습니
다. 건강한 잎줄기가 먼저 하얀 꽃송이를 피워 올렸습니다.

　　가을 풀꽃은 낮의 길이보다 밤의 길이가 길어지면 꽃을 피우기 시작
합니다. 몸 안의 생체시계는 정확하게 작동합니다. 나팔꽃류나 쑥부쟁이,
산국 등 국화과 식물들이 이러한 단일식물의 특징을 보여줍니다. 가을에는
꽃이 피어서 열매 맺을 수 있는 기간이 짧습니다. 곧 서리가 내리고 추위가
닥쳐올 것이기 때문입니다. 그래서 이 시기의 풀꽃들은 꽃을 피우자마자 서
둘러 꽃가루받이를 하고 열매까지 맺어야 합니다. 꼭 이른 봄 숲에서 꽃을

졸참나무 등걸을 타고 오르는 가는장구채 2020.7.5.

피우는 봄꽃의 특성을 보는 것 같습니다.

가을 풀꽃은 봄부터 계속 자란 만큼 키가 크고 튼튼한 줄기를 갖춘 것들이 많습니다. 쑥부쟁이류를 비롯한 산국, 구절초, 왕고들빼기 등 국화과 식물들이 그렇고, 도둑놈의갈고리류도 그렇습니다. 키가 크면 꽃가루받이도 유리하고, 씨앗을 날려 보내는 데도 유리합니다. 그래서 덩굴식물이 기를 쓰고 높은 데로 올라가려고 하겠지요. 물론 햇빛을 많이 받으려는 욕구가 강한 측면도 있습니다. 사위질빵은 끈질기게 다른 식물을 감고 올라가 무성하게 꽃을 피웁니다. 그 결과 높은 곳에 자리를 차지하고서 불어오는 바람에 씨앗을 멀리까지 퍼뜨릴 수 있습니다. 사위질빵, 으아리, 마삭줄 등 덩굴식물이 바람을 중매쟁이로 삼는 이유입니다.

숲속에서 자라는 가을 풀꽃은 사실 그리 많지 않습니다. 함양상림에서는 개맥문동, 그리고 도둑놈의갈고리 종류, 담배풀, 쑥부쟁이류, 산국 등을 볼 수 있습니다. 쑥부쟁이나 산국은 야산이나 들판에서 자라는데 함양상림의 가장자리에서도 조금씩 볼 수 있습니다. 눈여겨볼 식물은 도둑놈의갈고리 삼총사입니다. 뒤에서 자세히 살펴보겠습니다.

이삭여뀌는 둥글고 도톰한 잎이나 꽃을 피우는 모습 등 생김새가 다른 여뀌들이랑 달라 보입니다. 긴 이삭꽃차례를 낚싯대처럼 뽑아 올려 오종종한 꽃을 듬성듬성 피워냅니다. 꽃에 개미가 찾아오는 것을 보니 개미들이 꽃가루받이를 돕는지도 모르겠습니다. 꽃은 너무너무 작아서 직접 찾아보지 않으면 볼 수 없습니다. 이른 봄에 피는 연복초의 꽃보다 훨씬 작습니다. 7~8월에 꽃을 피우니 다른 여뀌류보다 좀 이른 편입니다. 꽃이 지고 나면 이삭처럼 달리는 붉은 열매를 보고 이삭여뀌라는 이름을 붙여준 것 같습니다. 여름부터 가을까지 이삭처럼 붉게 맺혀있는 열매를 계속 볼 수 있습니다.

털이슬은 사운정 뒤편 연못 사이 개울가에 몇 개체가 살고 있습니다. 역시 흔한 풀꽃은 아닙니다. 꽃이 지고 열매가 맺히면 햇빛을 받아 빛나는 솜털이 정말 털이슬이라는 이름에 잘 어울립니다. 열매의 생김새를 보고 이름 붙인 것 같죠? 참 재미있는 이름입니다. 산국은 가을의 대명사 국화과의 식물입니다. 우리가 알고 있는 국화보다는 훨씬 크기가 작은 야생 국화입니다. 노란 꽃을 피우는데 감국과 매우 닮았습니다. 산국이나 감국, 쑥부쟁이는 늦가을 서리가 내릴 때까지 꽃을 피우는 강인한 식물입니다.

도둑놈의갈고리 종류는 씨앗을 퍼뜨리는 방법이 기발합니다. 열매의 겉에 난 돌기 같은 털을 스치는 동물의 몸에 찰싹 붙어서 따라갑니다. 아무 대가도 주지 않는 무임승차입니다. 하지만 무임승차 방법은 식물종마다 모두 다릅니다. 어떤 것은 털모자를 쓰고 있고, 어떤 것은 낚싯바늘을 달고 있는가 하면, 뿔이 두 개 달린 창을 갖기도 하고, 열매 표면에 굽은 털이나 끈끈이를 만들기도 합니다. 톡톡 튀는 아이디어가 돋보입니다. 식물은 어떻게 이리도 다양하고 기발한 이동 수단을 만들어낼 수 있을까요? 들풀 하나에도 목숨을 건 생존의 지혜가 녹아있습니다. 우리가 함부로 지나쳐버리는 저 무심한 들풀도 모두 자기 삶의 개척자이고 발명가입니다. 무임승차하는 이 도둑놈들에게도 우리가 한 수 배울 것이 있습니다.

함양상림에서는 도둑놈(?) 삼총사를 볼 수 있습니다. 첫 번째 도둑놈의갈고리는 줄기 위쪽에 많은 꽃대를 벋습니다. 가지마다 작은 꽃들을 피워 풍성한 느낌이 듭니다. 도둑놈의갈고리 종류 중에서 잎이 제일 작습니다. 반 목본으로 튼튼하고 크게 자라기도 합니다. 상림운동장에서 천년교

숲 가장자리에서 피어난 산국 2017.10.15.

가는 쪽 숲속에 큰 무리를 이루고 있습니다. 두 번째 개도둑놈의갈고리는 도둑놈의갈고리처럼 세 조각 잎으로 되어있지만, 칡잎을 더 닮았습니다. 꽃이 도둑놈의갈고리보다 훨씬 듬성듬성 달립니다. 개도둑놈의갈고리는 천년교 위쪽 산책로 가의 숲에 한 무리로 자라고 있습니다. 다른 곳에서는 보지 못했습니다. 세 번째 큰도둑놈의갈고리도 굵고 엉성한 몇 개의 꽃대를 냅니다. 꽃은 듬성듬성 달리는데 꽃색이 연하고 제일 큰 편입니다. 큰도둑놈의갈고리는 중앙산책로와 동쪽 산책로 주변 숲에서 심심찮게 눈에 띕니다. 잎은 5~7장 정도의 깃털 모양입니다. 작은 잎 3장의 도둑놈의갈고리나 개도둑놈의갈고리와 차이가 뚜렷합니다.

이 도둑놈 삼총사는 잎과 꽃 그리고 열매로 어느 정도 구별할 수 있습니다. 큰도둑놈의갈고리 열매는 '만화영화 〈날아라 슈퍼보드〉의 저팔계 선글라스를 닮았구나' 하는 생각이 듭니다. 도둑놈의갈고리나 개도둑놈의갈고리와 열매의 색과 질감이 크게 다릅니다. 중앙숲길에서 큰도둑놈의갈

생명의 숲 함양상림

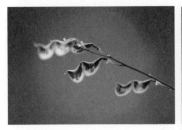
도둑놈의갈고리 2018.9.17.

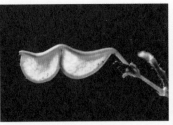
개도둑놈의갈고리 2018.9.25.

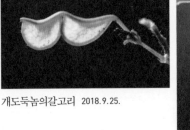
큰도둑놈의갈고리 2018.10.19.

도둑놈의갈고리류의 열매들

고리 열매 사진을 찍고 집에 오니 8개가 소매에 붙어 왔습니다.

이 도둑놈들을 관찰하다가 흥미로운 점을 발견했습니다. 도둑놈의갈고리 종류는 항상 열매 두 개가 하나의 조를 이루고 느슨하게 붙어있습니다. 잘 익은 열매가 서로 이별할 준비는 완벽합니다. 정이나 미련 따위는 없습니다. 느슨하게 붙어있던 두 개의 열매는 살짝 스치기만 해도 쉽게 분리됩니다. 동물이나 사람의 털이나 옷에 붙으면 하나라도 따라가는 것이 유리하기 때문입니다. 이 열매는 어느 정도 이동하면 돌기가 탄력을 잃고 스스로 떨어져 나간다고 하는군요. 가시돌기 하나에도 삶의 치열함이 묻어있습니다.

늦가을 숲 가장자리에 풀들이 드러눕고 나무도 잎을 떨구면 빨갛게 반짝이는 열매가 얼굴을 내밉니다. 배풍등이라는 덩굴식물입니다. 화려하고 먹음직스러운 붉은 열매는 한겨울까지 매달려 있어 쉽게 눈에 띕니다. 특히 새들의 눈길을 끌기 좋습니다. 하지만 새들이 그 유혹에 쉽게 빠지지는 않는 것 같습니다. 배풍등 열매는 솔라닌이란 독성물질을 갖고 있답니다. 식물의 독성물질은 자신을 방어하기 위한 목적이 있습니다. 새들도 이

△ 전체 모습 2016.7.26.

◁ 도둑놈의갈고리잎

△ 꽃무리 2016.9.11.

개도둑놈의갈고리잎

전체 모습 2018.8.21.

꽃 2018.8.21.

큰도둑놈의갈고리잎

2017.5.18.

전체 모습 2018.7.24.

꽃 2016.9.1.

도둑놈의갈고리 종류의 생김새 비교

배풍등 열매 2017. 11. 29.

를 알아차린 것이겠지요?

식물이 어떠한 형태와 행동을 보이는 데는 분명한 목적이 있습니다. 배풍등은 독성이 있어 오히려 약재로 쓰는데 배풍등(排風藤)이라는 이름도 한약명에서 따왔습니다. 독은 다스리기에 따라 약이 되기도 합니다. 한약재에는 투구꽃(초오)처럼 맹독성을 지닌 것도 있지 않겠습니까? 배풍등은 덩굴성이라 나무나 수풀에 기대어 자랍니다. 하얀 꽃잎이 뒤로 완전히 뒤집혀 끝에 하얀색 암술 하나가 침처럼 솟아 있습니다. 가짓과 꽃의 특성입니다. 배풍등은 인간의 손길이 닿는 숲 언저리에서 주로 살아간답니다.

함양상림의 가을 풀꽃에는 무릇, 꽃무릇, 상사화류 등 알뿌리식물이 여러 종류 있습니다. 상사화류는 사실 여름 풀꽃이라 해야 맞습니다. 이 중에서 무릇만 자생하는 풀꽃입니다. 나머지는 모두 경관용으로 숲에 심은 것입니다. 이 알뿌리식물들은 봄부터 가을까지 알뿌리에 영양분을 차곡차곡 저장했다가 그 힘으로 꽃대를 밀어 올립니다. 상사화와 꽃무릇은 꽃과 잎이 서로 만나지 않지만, 무릇은 꽃이 피어날 때 잎도 함께 붙어있습니다. 무릇은 꽃무릇과 비슷한 특성을 보여주지만, 수선화과가 아니라 백합과에 속합니다. 무릇의 잎은 같은 백합과인 외떡잎식물 산자고와 닮은 점이 있습니다. 하지만 꽃은 이른 봄에 피는 산자고와 완전히 다릅니다. 같은 과이지만 아주 먼 친척 관계라는 걸 알 수 있습니다.

꽃무릇은 우리나라에 오래전에 들어온 외래식물로 볼 수 있습니다. 꽃무릇은 사람이나 동물이 옮겨주지 않으면 자생지가 확대될 확률이 거의 없습니다. 열매를 맺지 못하기 때문입니다. 중국의 자생지에서는 열매를 맺는다는 말도 있습니다. 우리가 전국에서 보는 꽃무릇은 모두 조경용으로 심은 것입니다. 사람들의 마음을 휘어잡는 데 대단한 재주를 지닌 식물

△ 숲속에 심어놓은 상사화류 2016.9.1.　　△ 중앙숲길 가의 꽃무릇 군락 2016.9.14.
◁ 역사인물공원 주변에 피어난 꽃무릇 2017.8.23.

입니다. 그래서 가을에는 가는 곳마다 온통 꽃무릇 천지입니다.

　　꽃무릇꽃은 9월 초순에 피어나기 시작합니다. 몇 송이가 붉은 입술을 열면 순식간에 숲이 벌겋게 물듭니다. 한순간 강렬하게 불타오르는 열애의 숲에 사람들은 눈이 멉니다. 꽃무릇은 굵고 짧은 열애를 위하여 긴 인고의 시간을 갖습니다. 굵고 튼튼한 알뿌리는 영양분을 많이 담아둘 수 있습니다. 계절의 어느 한 시기에는 잠을 잡니다. 오래 움츠린 덕분에 알뿌리의 영양분을 한꺼번에 폭발적으로 이용할 수 있습니다. 9월이 오면 굵고 짧은 생의 꽃을 온몸으로 피워냅니다. 꽃이 지는 9월 말 파란 잎이 나와 숲 아래를 싱싱하게 물들입니다. 다른 풀들이 모두 시들어 겨울잠을 자는 시기입니다.

　　함양상림의 꽃무릇은 2005~2008년 사이에 관광객들의 볼거리를 위해서 심었다고 합니다. 꽃무릇은 생태적으로 알뿌리가 무섭게 번식하면서 서식지를 완전히 독점합니다. 숲에 깃들어 사는 야생의 풀꽃들에는 '핵주먹'을 휘두르는 격입니다.

숲의 뼈대를 이루는 나무

— 숲속의 생명을 키워내는 나무 이야기

봄 숲의 나무들

입춘의 절기를 알아챈 생강나무 꽃눈이 움직이기 시작합니다. 얇은 겉껍질은 부풀어 오르는 힘을 감당하지 못하고 떨어져 나갑니다. 그 속에는 곧 닥쳐올 꽃샘추위를 맞아 털옷을 잔뜩 마련해 두었습니다. 일찍 꽃을 피우는 만큼 신경 써야 할 것이 많습니다. 숲 가장자리에서 껍질을 벗은 꽃망울은 햇빛을 향해 노란 혀를 빼꼼 내밉니다. 이제 곧 겨울을 지낸 벌들이 한걸음에 달려올 겁니다. 생강나무꽃의 향기는 얼마나 달콤한지 모릅니다. 꽃에 다가가면 그 알싸함에 기분이 마구마구 좋아집니다.

생강나무는 암꽃과 수꽃이 전혀 다른 나무에서 피어나는데 감태나무나 비목나무 같은 녹나뭇과 식물의 특징입니다. 암나무와 수나무를 따로 떨어트려 놓았으니 자기 꽃가루받이를 엄청나게 싫어하는 유형이 되겠습니다. 사람도 암수가 떨어진 형태입니다. 동물은 거의 이런 형태이죠. 생강나무는 수꽃을 피우는 나무가 훨씬 많고 암꽃나무는 귀하다고 합니다.

꽃눈이 절정을 지나 벌을 향한 유혹도 시들해질 즈음 잎눈이 기지개를 켭니다. 생강나무는 가을이면 이미 꽃눈과 잎눈이 따로 맺혀서 겨울을 납니다. 꽃눈은 둥글고 통통해서 한눈에 표시가 납니다. 꽃눈 안에는 봄에 펼쳐져 나올 노란 꽃송이가 정교하게 포개져 있습니다. 겨우내 빗물이 스며들어 얼지 않게 잘 밀봉해 두었습니다. 생존을 위한 유비무환입니다.

생강나무와 비슷한 시기에 꽃을 피우는 나무는 명자나무, 산수유, 매화 등이 있습니다. 이 봄꽃들의 특징은 잎보다 먼저 꽃을 피우는 것입니다. 생강나무가 서둘러 노란 꽃부터 피우는 까닭은 나름의 전략입니다. 부지런을 떠는 만큼 다른 꽃들과 꽃가루받이 경쟁을 피할 수 있습니다. 이 시기에 피는 꽃이 많지 않으니 매개 곤충을 불러들이기 유리합니다. 향기로 유혹하여 꿀을 나누어주면서 멀리 떨어져 있는 자신의 반쪽에게 꽃가루를 전해주길 바라는 것이지요.

△ 생강나무 수꽃차례 2016.3.17.　　△ 감태나무 암꽃차례 2019.4.16.
◁ 겉껍질이 벗겨진 생강나무 꽃눈 2017.3.9.

3월 중순 개서어나무의 붉은 겨울눈에 물이 통통하게 오릅니다. 살짝살짝 벌어진 비늘눈 틈에서 보드라운 새싹이 비쳐 나옵니다. 곧이어 수꽃차례가 부풀어 오르면서 고개를 숙입니다. 활화산 같은 꽃가루가 바람의 여행을 기다립니다. 잎은 아직 나오지 않았습니다. 잎이 있으면 꽃가루를 날리는 데 방해를 받기 때문입니다. 개서어나무는 바람의 여행을 하는 풍매화의 오랜 경험에서 꽃을 먼저 피웁니다. 수술이 암술보다 먼저 피어납니다. 이것은 암·수꽃이 한 그루에 있는 나무가 자기 꽃가루받이를 피하기 위한 노력이라 합니다.

개서어나무의 가늘고 긴 줄기 끝에 주머니 모양의 꽃밥이 붙어있습니다. 꽃가루의 크기는 아주 작아서 공기 중을 잘 떠다닐 수 있습니다. 풍매화는 꽃가루를 멀리 날리기 위해 따뜻하고 건조한 날 꽃밥을 터뜨립니다. 암술머리는 가지 또는 깃털 모양으로 갈라져 꽃가루를 쉽게 잡을 수 있는 구조라 합니다. 단순할 것 같은 풍매화의 꽃가루받이에도 이렇게 치밀한 정성이 깃들어 있습니다.

바람으로 꽃가루받이하는 풍매화는 같은 종이 많이 모여 살면 번식에 훨씬 유리합니다. 같은 업종끼리 모여있는 것이 장사에 유리한 것처럼요. 바람을 이용하는 것은 겉씨식물 시대에도 쓰던 매우 오래된 꽃가루받이 방식입니다. 수많은 꽃가루를 생산하므로 비효율적인 듯한데, 지금까지도 많은 나무가 풍매화로 번성하는 것을 보면 꽤 쓸만한 방법인 모양입니다. 바람을 타고 날아와 봄의 세상을 노랗게 물들이는 송홧가루는 소나무의 수꽃가루입니다. 풍매화는 소나무처럼 주로 침엽수지만 활엽수도 있습니다. 함양상림에서는 참나무류와 개서어나무가 대표적입니다.

개서어나무 수꽃차례 2016.4.6.　　　　　　　개서어나무 암꽃차례 2017.4.16.

졸참나무 수꽃차례 2017.4.15.　　　　　　　졸참나무 암꽃차례 2022.4.12.

　　4월 초가 되면 개서어나무 수꽃차례가 먼저 피어나고 뒤이어 참나무류가 피어납니다. 숲에서 개서어나무와 졸참나무의 암·수꽃차례를 살펴보았습니다. 풍매화의 길쭉한 수꽃차례는 눈에 잘 보이지만, 암꽃차례는 크기가 작아서 잘 드러나지 않습니다. 특히 졸참나무 암꽃은 눈을 대고 찾

개서어나무 2022.4.12.   졸참나무 2022.4.12.

암·수꽃차례가 같은 나무에 있는 풍매화

아보지 않으면 잘 보이지 않을 정도입니다. 겨울눈이 부풀어 수꽃차례가 늘어지고 그다음 햇가지가 나오면 거기에 암꽃차례가 매달립니다. 암꽃이 가지의 끝에 붙어있는 것은 날아오는 꽃가루를 쉽게 붙잡기 위한 마중입니다. 암꽃이 늦게 나오는 것은 자기 꽃가루받이를 피하기 위한 계획이라 할 수 있겠네요. 자기 나무의 수꽃가루는 다른 나무의 암술머리로 날아갈 테니까요. 개서어나무의 암꽃차례는 아래로 처지는 형태이지만 졸참나무 암꽃차례는 위쪽을 향하고 있습니다. 소나무의 암꽃차례가 가지의 맨 위쪽 끝에 붙어있는 것과 같은 구조입니다. 위쪽으로 향해 있는 것이 꽃가루받이에 유리한 형태가 아닌가 짐작해봅니다.

제 역할을 다한 풍매화의 수꽃차례가 산들바람에 후두두 떨어져 내립니다. 자신의 역할에 충실할 뿐 한 치의 미련을 두지 않습니다. 이제 생명을 잉태한 암꽃차례는 점점 부풀어 오릅니다. 졸참나무 도토리 새싹이 삐죽 고개를 내밀더니 이내 우산살 같은 잎줄기를 내었습니다. 숲속에서는 참나무, 귀룽나무, 느티나무, 팽나무, 당단풍나무, 화살나무, 병꽃나무의 꽃들이 화들짝 피어납니다.

나도밤나무 햇잎을 보면서 하루가 다르게 변해가는 봄의 기운을 느낍니다. 털로 가득 덮여있던 손가락 같은 겨울눈이 그대로 부풀어 햇잎이 됩니다. 중앙맥을 따라 반듯하게 접힌 모습이 참빗 같기도, 정교한 깃털 같기도, 촘촘하게 뻗은 나방의 더듬이 같기도 합니다. 우중충한 솜털이 떨어져 나가면서 잎의 색감은 점점 밝아지다가 어느 순간 연초록 물결을 이룹니다. 비 온 뒤에 숲에 나가니 그 신비한 물결이 가슴에 스며들어 옵니다. 햇살에 역광으로 비치는 나도밤나무 햇잎의 또렷한 실핏줄은 또 다른 미소를 보여줍니다. 햇잎이 완전히 성숙하는 6월 초가 되면 나도밤나무는 벌써 겨울눈을 만듭니다. 꽃이 지기 무섭게 다음 생장을 준비하는 것입니다. 겨울을 이겨내고 꽃으로 피어날 겨울눈을 만드는 일은 무척 정교해서 시간과 에너지가 많이 들 것입니다. 그러니 미리미리 준비해야겠지요?

2017. 3. 30. 2017. 4. 4. 2017. 4. 10. 2020. 4. 15.

나도밤나무 햇잎의 생장 변화

봄 한 철 숲에서 유달리 눈길을 끄는 햇잎 중에 사람주나무도 있습니다. 그 분위기는 나도밤나무와 크게 다릅니다. 겨울눈이 터져 나오면 처음에는 짙은 자줏빛이 참새 혓바닥처럼 뾰죽합니다. 조금 자라나면 밝고 투명한 속살이 신비로운 빛깔을 보여줍니다. 이맘때 천천히 숲길을 걸으면 햇잎을 바라보는 재미에 빠집니다. 사람주나무 햇잎을 햇살에 한번 비추어 보세요. 그러면 속살의 신비로움을 마주할 수 있습니다.

사람주나무 수꽃은 천천히 피지만 노란 꽃술을 달고 오래도록 남아서 벌을 부릅니다. 꽃망울이 생겨날 때부터 오늘은 피었을까 하고 계속 바라보게 될 만큼 애를 태웁니다. 하지만 꽃가루받이가 되고 나면 열매는 몰라보게 빨리 자랍니다. 사람주나무 암·수꽃은 한 꽃차례에서 피어나지만, 수꽃차례만 있는 것이 훨씬 많이 보입니다. 꽃차례는 위로 곧추서는데 위쪽에 수꽃차례가 있고 아래쪽에 두세 개의 암꽃이 달려있습니다. 볼록한 씨방을 지닌 암술머리가 세 개로 갈라져 금방 알아볼 수 있습니다. 사람주나무꽃이 거의 질 무렵 조금 남아 있는 수꽃에 벌이 날아왔습니다. 가만히 살펴보니 암꽃이 있는 꽃줄기에 작은 수꽃술이 뒤늦게 자라 나오기도 합니다.

| 2017. 4. 10. | 2017. 4. 15. | 2017. 4. 15. | 2021. 5. 19. |

사람주나무 햇잎의 생장 변화

| 피어나는 수꽃차례 2016.4.19. | 성숙한 수꽃차례 2016.5.14. | 암꽃 2016.5.30. | 수정된 씨방 2016.6.15. |

사람주나무의 생장 변화

사람주나무꽃은 자기 꽃가루받이를 피하고자 이렇게 시차를 두고 벌이나 곤충을 불러들이나 봅니다.

물푸레나무의 겨울눈이 부풀어 오르는 것을 보신 적이 있으신지요? 커다란 꽃차례가 검붉은 주먹을 치켜세운 듯합니다. 어찌나 크고 우락부락한지 평범하게 생긴 조그만 겨울눈 속에 이리도 큰 꽃차례가 포개어져 있었다는 사실이 놀랍기만 합니다. 겨우내 비좁은 방에서 이 많은 식구가 몸을 비비며 몹시도 봄을 기다려왔을 듯합니다. 하지만 햇잎이 조금 더 자라나서 꽃차례가 뭉텅 쏟아져 나오면 우락부락한 얼굴은 온데간데없습니다. 가녀린 우윳빛 꽃차례가 활짝 펼쳐지면서 벌들을 한껏 유혹합니다. 부풀어 오르는 물푸레나무 겨울눈은 몰래 숨겨 두었던 반전의 드라마를 쓰고 있습니다. 곧이어 돋아나는 진초록의 물감은 하늘을 담뿍 물들일 것만 같습니다. 물이 파래진다는 그 이름의 유래가 이때만큼 또렷하게 각인될 때가 또 있을지 모르겠습니다.

사실 함양상림에서 가장 먼저 꽃을 피우는 식물은 길마가지나무입니다. 숲 아래에서 자라는 봄의 풀꽃들보다도 빠릅니다. 2월 초·중순이면 피

2017.4.12.　　　　2019.4.1.　　　　2019.4.10.　　　　2016.4.12.

물푸레나무의 개화

활짝 핀 물푸레나무꽃 2019.4.16.　　　　돋아나는 햇잎 2017.4.16.

는데 어떨 때는 1월에 피어나기도 합니다. 너무 일찍 핀 꽃들은 피었다가 시들기를 반복하지만 겨울 추위에 제 역할을 다하지는 못합니다. 잎을 떨군 길마가지나무 가지에서 꽃눈이 터져 나오고 있습니다. 이제 막 월동에서 깨어난 꿀벌들이 꽃향기를 맡고 달려옵니다. 주변에 피어있는 꽃이 거의 없는 시기이니 얼마나 반갑겠습니까?

길마가지나무꽃
2017.3.9.

짝궁둥이를 닮은 열매
2016.5.26.

동쪽 산책로 중간쯤에 있던
길마가지나무 2018.4.17.

벌은 멀리서도 꽃냄새를 아주 잘 맡습니다. 그래서 곤충을 유인하는 가장 강력한 방법이 냄새를 피우는 것일 테고요. 하지만 모든 꽃냄새가 항상 달콤하고 은은한 것은 아닙니다. 역겨운 악취나 고기 썩는 냄새를 풍겨 파리류의 곤충을 부르기도 하니까요. 꿀벌이 달콤한 꽃향기를 즐기고, 우리 곁에 달콤한 꽃향기를 피우는 나무가 많다는 것도 참 행복한 일입니다. 길마가지나무의 은은한 꽃향기는 벌뿐만 아니라 우리의 마음에도 봄을 재촉합니다. 살랑이는 바람에 꽃향기가 코끝을 간지럽히면 겨우내 메말랐던 감성을 톡톡 깨우기에 충분합니다.

손바닥연못 위쪽 산책로 가에는 함양상림에서 제일 크고 멋진 길마가지나무가 살고 있었습니다. 이 나무는 2018년 숲 가장자리 정리 작업으로 잘려 나갔습니다. 꽃 피는 봄철에 만날 때마다 꽃향기를 즐기며 반갑게 인사하던 나무였습니다. 길마가지나무는 지리산이나 함양 주변에서도 여태 만나보지 못했습니다. 길마가지나무는 동쪽 산책로를 따라 손바닥연못 위쪽으로 드문드문 나타납니다. 그러나 숲속에 있어 나무의 상태는 그리 온전하지 못합니다. 함양상림에서 꽃을 피울 만큼 자란 길마가지나무는 7~8그루 정도 확인하였습니다. 어린나무들은 북쪽 숲 아래에서 볼 수 있는데 이 어린나무들이 숲에 자리 잡고 잘 번식할 수 있기를 바랍니다.

흰 꽃을 피우는 오월의 나무들

초록으로 옷을 갈아입은 숲길을 걷습니다. 살갗을 스치는 선선한 바람, 개울을 따라 흐르는 물소리, 나뭇가지 사이의 새소리를 듣습니다. 오월의 상림숲에는 유달리 흰 꽃이 많습니다. 이팝나무, 윤노리나무, 쪽동백, 때죽나무, 층층나무, 쥐똥나무 등등. 이제 풍매화의 계절은 지났습니다. 오월의 흰 꽃들은 충매화로서 자신의 살아가는 방법대로 서로 다른 전략을 씁니다.

충매화는 울퉁불퉁한 꽃가루를 가지고 있습니다. 곤충의 털에 쉽게 들러붙는 데 꽤 쓸모있는 전략입니다. 꽃가루는 접착 물질로 작은 알갱이들을 한데 뭉친 덩어리나 주머니 형태를 띠고 있답니다. 한꺼번에 많이 따라갈수록 유리하니까요. 꽃가루의 껍질은 속이 마르지 않도록 두껍게 싸여 있습니다. 이 껍질은 아무 때나 열리지 않고 같은 종의 암술머리에서 나오는 화학 신호를 만났을 때만 열린다고 합니다. 암호를 맞춰보고 맞지 않으면 받아들이지 않는 것이지요. 자기 꽃가루받이를 막기 위한 또 하나의 안전장치입니다. 식물이 얼마나 생식(生殖)에 공을 들이는지 또 자기 꽃가루받이를 꺼리는지 알 수 있는 대목입니다.

오월의 흰 꽃은 이팝나무를 시작으로 순서를 기다렸다는 듯 앞다투어 피어납니다. 맨 마지막은 나도밤나무가 장식합니다. 오월이 오면 꼬리를 물고 피어나는 흰 꽃무리의 꽁무니를 쫓는 일도 숲에서 만끽하는 즐거움의 하나입니다. 이팝나무는 자신만의 매력이 넘치는 봄꽃입니다. 하얀 깃털을 매단 꽃들이 잎새마다 부풀어 오르면 커다란 솜방망이 하나가 생겨납니다. 눈으로 보기에도 달콤한 솜사탕입니다. 쌀이 귀해서 보리밥으로 끼니를 때울 때 쌀밥같이 피어나는 이 솜사탕은 얼마나 큰 유혹이었을까요?

이팝나무꽃에서는 향기를 맡을 수 없습니다. 벌들이 떼로 몰려오는 일도 볼 수 없습니다. 넉 장의 꽃잎 안쪽에 암·수술의 꽃을 감추듯 숨겨놓았습니다. 그래서 꽃술이 바깥으로 드러나 보이지 않습니다. 그런데도 여름이 되면 많은 풋열매가 맺히는데 어떤 방식으로 꽃가루받이하고 열매를 맺는지 궁금하기만 합니다. 김성환의 『꽃해부도감』에 이팝나무는 수꽃만 피는 나무가 있고, 암꽃과 수꽃이 같이 피는 나무가 있다고 합니다. 알면 알수록 모르는 것이 많아지는 역설이 여기 있습니다.

층층나무와 때죽나무는 사정이 완전히 다릅니다. 달콤한 꽃향기를 지천에 퍼뜨려서 온갖 곤충을 불러옵니다. 벌과 곤충들이 몰려와 잔치를 여는 모습을 쉽사리 볼 수 있습니다. 사실 함양상림에는 이보다 좀 더 적극적으로 꽃 잔치를 여는 나무가 있습니다. 바로 6월 초에 피어나는 헛개나무입니다. 동쪽 산책로 가를 따라 심은 나무인데 꽃향기가 정말 좋습니다. 헛개나무꽃이 필 때는 잔치가 열렸다는 소문을 듣고 달려온 여러 무리의 곤충을 한자리에서 구경할 수 있습니다. 두 마리 딱정벌레는 바닥에 떨어져 내린 헛개나무 통꽃을 연방 훑듯이 옮겨 다니며 꿀을 찾습니다. 벌들은 사방에서 앵앵거리며 날아다닙니다. 열매를 약으로 쓰는 나무이지만 밀원식물로도 참 좋을 것 같습니다.

층층나무도 꽃향기를 매력 포인트로 삼았습니다. 헛개나무는 꽃자루를 연속으로 내뻗으며 무더기를 이루고, 층층나무는 팡팡한 우산살을

이팝나무 2017.5.10.   층층나무 2017.5.7.

때죽나무 2021.5.10.   쪽동백나무 2017.5.15.

윤노리나무 2016.5.12.   쥐똥나무 2019.5.24.

함양상림에서 흰 꽃을 피우는 5월의 나무들

받치며 무더기로 피어납니다. 둘 다 작은 무리의 꽃들을 뭉쳐 놓았습니다. 그런데 때죽나무는 꽃을 피우는 방식이 조금 다릅니다. 향기로 곤충을 유혹하면서도 꽃 한 송이가 도드라져 보이는 종꽃을 무더기로 피웁니다. 사촌 격인 쪽동백나무도 비슷한 종꽃을 피우지만, 꽃이 매달리는 방식이 포도송이 같습니다.

윤노리나무꽃은 5월 중순쯤 잠시 피었다가 사라집니다. 하지만 꽃송이가 층층나무나 헛개나무보다 훨씬 커서 눈에 잘 띕니다. 무더기로 피어나는 꽃을 들여다보면 동글동글한 꽃잎들이 소곤소곤 애기를 나누는 듯합니다. 꽃향기는 별로 없습니다. 쥐똥나무 하얀 꽃은 그해 자란 가지 끝에서 요술 방망이처럼 피어납니다. 꽃의 윤곽이 뚜렷해서 밝은 빛깔이 깔끔하게 돋보입니다. 나무의 크기는 작지만, 향기만큼은 어떤 나무에도 뒤지지 않습니다. 꽃이 피어나는 5월에 산책로를 걸으면 향긋한 꽃내음이 코끝에 살포시 와 닿습니다. 쥐똥이라는 이름에서 이처럼 달콤한 향을 맡을 수 있다니 또 하나의 반전입니다. 쥐똥나무는 울타리로도 좋지만, 독립수로 집 가까이 심어두면 오월의 꽃내음에 취할 수 있겠습니다.

5월 말 숲에 가득하던 하얀 꽃들이 지고, 나도밤나무 꽃무리가 숲을 황홀하게 덮쳤습니다. 숲길을 걸어가는 발걸음마다 진한 꽃내음이 5월 꽃의 절정을 이룹니다. 이 시기에만 보고, 냄새 맡고, 느낄 수 있는 특별한 선물입니다. 사랑의 전령을 부르는 꽃향기가 뽀얀 숲길 사이로 스며듭니다. 원초적인 감성을 자극하는 분위기에 이내 마음이 나긋해집니다. 기분이 처지고 우울할 때 나도밤나무의 꽃향기는 효과가 있을 듯합니다.

여름을 여는 나무와 숲속의 생명

6월 초 조록싸리, 작살나무, 자귀나무, 회화나무의 꽃이 피어납니다. 나도밤나무는 벌써 다음 해의 생장을 위한 겨울눈을 만들었습니다. 자연의 섭리에 따른 질서는 톱니바퀴처럼 맞물려 어김없이 돌아갑니다. 숲에서 첫 매미 소리를 듣습니다. 잠자리는 투명한 날개옷을 나풀거리며 하늘을

나도밤나무 꽃무리 2016.5.26.

날고 있습니다. 폭우가 한바탕 쏟아졌습니다. 풋풋한 층층나무 열매는 물방울로 세수하다 투명한 수정이 되었습니다. 아주 잠깐 사이에 화수정 옆 물도랑에 황토물이 넘실대며 흐르고, 사운정 가는 숲길이 마치 물도랑처럼 흐릅니다. 느닷없이 덮쳐오는 한여름 비에 숲에 깃든 생명은 화들짝 숨을 죽입니다. 소나기는 숲속의 열기를 몰아내고 수기를 채워주는 대반전의 균형자입니다.

숲의 아래에서 작살나무꽃이 피어나기 시작합니다. 숲 여기저기서 흔하게 볼 수 있지만, 나무도 꽃도 작아서 지나치기 쉽습니다. 그 작은 꽃에 코를 박고 살펴봅니다. 자줏빛 꽃잎과 노란 꽃술과 녹색 잎이 잘 어울립니다. 작살나무꽃은 숲에 꽃이 별로 보이지 않는 시기에 나타납니다. 곤충을 불러 모으는 경쟁의 틈바구니를 잘 이용하는 것으로도 볼 수 있습니다. 작고 힘이 없는 것이 틈새를 이용하는 것은 세상에서 널리 쓰이는 전략입니다. 꽃자루는 나란히 나오는 잎의 겨드랑이에 붙어서 나옵니다. 잎에서 광합성으로 생산한 당분을 제일 먼저 받을 수 있기 때문이 아닐까 싶은데요. 생식기관은 생육기관에 비해 우선권을 갖습니다. 이러한 우선순위는 엄격히 지

물방울을 머금은 층층나무 열매 2016.6.24.

켜집니다. 후손을 만드는 일이 나무가 자라는 것보다 더 중요하기 때문입니다. 우리도 살아가면서 꼭 지켜야 하는 우선순위가 있지 않겠습니까?

7월 말 졸참나무 풋도토리가 훌쩍 자라났습니다. 도토리거위벌레가 참나무 가지를 떨어뜨리기 시작합니다. 도토리에 바늘구멍을 뚫고 알을 낳은 뒤, 날카로운 주둥이로 가지를 통째로 잘라서 떨어뜨립니다. 톱으로

생명의 숲 함양상림

작살나무꽃 2016.6.17.   작살나무와 꽃망울 2018.6.19.

썬 듯 반듯하게 잘린 가지들이 수북하게 바닥에 깔립니다. 유충은 말랑말랑한 도토리를 먹으며 자라다가 땅속으로 들어가 겨울을 납니다. 다음 해 7월이면 어김없이 나타나 똑같은 행동을 되풀이할 테죠. 생명의 순환고리는 무한대로 끊임없이 돌아갑니다.

　한번은 도토리거위벌레가 떨어뜨린 상수리나무 가지를 주워다가 도토리집(각두)을 까보았습니다. 겉에 거위벌레가 뚫어놓은 짙은 구멍이 보입니다. 잘라 보니 길쭉한 타원형의 알이 하나 들어있습니다. 구멍을 뚫은 곳은 도토리의 매끈하게 드러난 부분이 아니라 도토리집으로 덮인 부분입니다. 도토리집과 도토리 껍질을 동시에 뚫었습니다. 구멍 뚫은 흔적을 찾기도 어렵습니다. 그래야 알을 보호하는 데 더 도움이 되는 것 같습니다. 도토리거위벌레는 어떻게 가지를 자르는 톱을 만들고 딱딱한 도토리를 뚫을 수 있었을까요? 다양한 생명의 뛰어난 생존 전략 앞에서 그저 겸손해질 따름입니다.

만엽 단풍

함양상림은 10월 중순을 지나면서 옷을 갈아입습니다. 100여 종의 활엽수가 만들어내는 단풍은 각양각색입니다. 숲에는 당단풍나무가 많습니다. 당단풍나무는 조경수로 많이 심는 단풍나무하고는 다른 야생의 단풍나무입니다. 단풍의 색깔도 무늬와 형태도 묘하게 다릅니다. 햇살에 투영되어 노랗고 붉은빛 손가락을 펼친 잎 하나를 바라봅니다. 짙푸르던 손가락이 보여주는 섬세한 빛깔의 변화는 당단풍나무만의 매력입니다.

우리는 가을 하면 으레 단풍 여행을 떠올립니다. 하지만 단풍나무만이 단풍이 드는 것은 아닙니다. 숲속에 들어가 눈길을 돌려보면 온갖 나무가 자신만의 가을을 준비하고 있습니다. 그래서 함양상림에서 볼 수 있는 다양한 나무의 단풍을 모아봤습니다. 졸참나무, 사람주나무, 생강나무, 쪽동백나무, 때죽나무, 층층나무 등등 가을 나무는 자신만의 고유한 빛깔을 지녔기에 더욱 아름답습니다.

생강나무잎은 둥그스름한 세 뿔이 귀여움의 포인트입니다. 노란 갈색으로 물드는 가을 이파리에 유별난 정이 남습니다. 비 오는 날 숲에 나가 생강나무의 노란 단풍잎 하나를 들여다봅니다. 그물 무늬로 갈라진 잎맥들이 무질서의 질서 속에서 또렷한 길을 냅니다. 한 나무를 키워낸 위대한 잎들이 한생을 갈무리하고 있습니다. 마지막 남은 자신의 양분마저 탈탈 털어서 살아갈 조직에 돌려줍니다. 이것을 단풍 현상이라 하니 나뭇잎은 자식에게 모든 것을 다 주고 떠나는 엄마 마음 같습니다.

복자기나무는 조경수로 많이 심는 나무입니다. 그런데 함양상림 숲속에는 자생하는 복자기나무가 더러 있습니다. 나무껍질이 희끗희끗한 색

생명의 숲 함양상림

당단풍나무 2015.10.25. 생강나무 2017.10.26. 갈참나무 2017.11.1.

때죽나무 2017.11.1. 신나무 2017.11.17. 층층나무 2015.9.3.

다양한 나무들의 가을 단풍

을 띠어 겨울에도 확연히 자신의 존재를 드러냅니다. 중앙산책로가 시작되
는 상림우물 곁에는 커다란 복자기나무 한 그루가 있습니다. 번잡한 길가
에 자리 잡고서 세파에 시달린 줄기를 멀뚱하게 뽑아 올렸습니다. 높은 가
지 사이에는 새집도 하나 들여놓았습니다. 이 나무 앞을 지나갈 때면 눈길

사람주나무 단풍 2016.10.20

이 가곤 합니다. 심은 나무가 아닐 것이어서 더욱 소중하게 여겨집니다. 복자기나무도 당단풍나무만큼이나 제 색깔과 개성이 뚜렷한 나무입니다. 이름에서 '단풍'은 찾아볼 수 없지만, 단풍이 매우 붉고 아름다운 단풍나무 종류입니다.

2016년 가을, 숲에 고운 단풍이 찾아왔습니다. 이해에는 유난히 자연의 아름다운 풍경이 많이 눈에 띄었습니다. 복자기나무는 함양상림 곳곳에 점점이 박혀 있습니다. 늦가을이 되면 여기저기서 붉은 횃불을 들고 강렬하게 불타오릅니다. 다른 나무들의 단풍이 떨어질 즈음이라 더욱 그러합니다.

사람주나무의 단풍은 유달리 눈길을 끕니다. 단풍뿐만 아니라 여름 잎에도 눈길이 자꾸만 갑니다. 사람도 보면 남달리 눈길을 끄는 이가 있잖아요? 나름의 이유가 있을 것 같은데요. 동글동글해서 원만해 보이는 것이 이유가 아닐까 싶습니다. 사람주나무잎이 딱 그렇습니다. 거기에 더해 단풍의 빛깔마저 아름답습니다. 노랑에서 주황, 붉은빛까지 다양하게 원색의 물을 들입니다. 중앙숲길을 걷다가 크고 매끈한 사람주나무 아래 섰습니다. 수많은 가지와 잎이 숲의 천장을 이룬 하늘을 올려다봅니다. 알록달록 겹쳐놓은 동그란 물감들이 햇살을 담은 이야기를 소곤소곤 건넵니다.

당단풍나무나 사람주나무 단풍에 비하면 나도밤나무나 쪽동백나무, 때죽나무, 팽나무의 단풍은 노랗게 물들어 단조롭고 수수한 편입니다. 감태나무의 단풍도 그렇습니다. 하지만 자세히 살펴볼수록 그 개성은 빛이 납니다. 이 나무들의 단풍이 어우러지니 숲은 더욱 다양한 풍경을 보여줍니다. 날씨가 서늘해지면 고요한 숲에 풀벌레들이 제 목소리를 키웁니다. 이마에는 따끈따끈한 햇살이 내려앉습니다. 아침저녁으로 서늘한 기

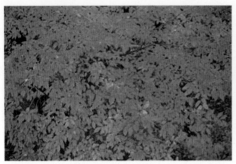

감태나무 단풍 2017.11.9.   쪽동백나무 단풍 2017.11.4.

온이 한여름을 달려온 잎새에 계절의 색을 입힙니다. 겨울을 준비하는 나무
의 비장함 속에는 아름다움마저 깃들어 있습니다.

거대한 졸참나무가 펼쳐내는 단풍은 섬세하면서도 호방합니다. 함
양상림의 가을 무대에서 당연히 주연입니다. 그렇다고 지나치게 화려한 것
도 구질구질한 것도 쓸쓸한 것도 아닙니다. 가을 나그네처럼 수수하면서
도 깊은 여운이 있습니다. 가을의 졸참나무는 세월의 완숙미로 풀어낸 갈
색 물감입니다. 고개 들어 하늘을 봅니다. 별나지도 않은 졸참나무의 잎들
이 은하의 별빛처럼 출렁입니다. 자기를 분화한 섬세한 가지마다 만엽의 단
풍이 똘망똘망 내려다봅니다.

남쪽 화장실 앞 길목을 지키고 선 느티나무 고목에도 단풍이 들었습
니다. 붉고도 노란 단풍이 하늘을 덮었습니다. 까치 부부가 둥지를 고치
고 새끼를 키우던 그 나무입니다. 맑은 날 화장실을 다녀오면서 느티나무
아래에 섰습니다. 파란 하늘에 박힌 단풍잎과 유연한 가지의 선이 빚어내
는 자연의 조화로움을 봅니다. 마음에도 여유롭고 가지런한 선이 들어섭니
다. 가을에는 맑고 드높은 하늘을 자주 볼 수 있습니다. 큰 나무의 단풍은

생명의 숲 함양상림

2017.11.4.

2017.11.4.

졸참나무 단풍

굴참나무 단풍 2017.11.8.

졸참나무 단풍 2017.11.5.

이때 더욱 빛나니 시절의 조화인가 싶습니다. 사물의 형상은 때에 따라 전혀 다른 이미지를 연출합니다. 그 중심에는 늘 햇빛이 있습니다.

느티나무 단풍 2017.11.5.

생명의 숲 함양상림

열매의 공덕

　새들이 떼로 모여 풍성한 가을을 노래하고 숲은 넉넉한 여유가 넘쳐 납니다. 풍성한 결실이 뭇 생명의 얼굴에 웃음꽃을 안깁니다. 직박구리들이 볼이 붉은 윤노리나무 열매를 먹느라 정신이 없습니다. 빨갛게 탱글탱글했던 나도밤나무 열매는 서서히 검은색으로 변하고 있습니다. 다람쥐 한 마리가 양손을 맞잡고 도토리를 먹다가 쪼르르 나무 위로 오릅니다.

　함양상림을 대표하는 열매는 역시 도토리입니다. 8월 말~9월 초가 되면 풋도토리가 숲길 여기저기서 떨어져 내립니다. 주로 졸참나무의 도토리입니다. 2016년에는 도토리가 많이 달렸고, 2017년에는 해거리를 했습니다. 도토리가 해를 걸러 한꺼번에 많이 열리는 것은 생존 전략입니다. 미처 다 먹어 치우지 못한 도토리들이 살아남아 이듬해 싹을 틔울 수 있으니까요. 하지만 함양상림에서는 다른 곤충이나 동물보다 도토리를 주워가는 사람들이 더 무섭습니다. 어찌 보면 도토리나 열매를 줍는 습관은 유전자에 각인된 우리의 무의식적 행동일 겁니다. 수렵과 채집을 하던 원시 인류의 생활 습관이 고스란히 전해지고 있을 테니까요. 도시에 사는 중년 여성들도 함양상림에 오면 도토리를 일단 줍고 봅니다. 그러니 주민들이 평생을 해오던 습관을 버리기는 더욱 힘들 겁니다. 그래도 다람쥐, 원앙, 어치, 곤충들을 위해서 도토리를 줍지 않는 것이 좋겠습니다.

　함양상림에는 상수리나무도 제법 많습니다. 도토리가 졸참나무보다 굵고 큽니다. 가을 숲을 걷다 보면 눈앞에 쿵 하고 떨어져 또르르 구르는 상수리를 종종 보게 됩니다. 궁둥이가 하얀 방석처럼 드러난 햇도토리는 보기에도 사랑스럽습니다. 한 알 주워서 바라보면 왠지 마음이 푸근해집니

◁ 2016. 7. 23. △ 2018. 7. 26. ▷ 2017. 10. 9.

졸참나무 도토리 생장 변화

다. 내일의 희망을 담은 생명의 정수라 그런가 봅니다. 그런 마음도 잠시 곧바로 숲 안쪽에 휙 던져놓습니다.

느티나무, 개서어나무 열매가 바람에 팽이처럼 돌면서 저만치 떨어집니다. 개서어나무의 붉은 겨울눈이 알토란처럼 토실토실 드러났습니다. 개서어나무 열매가 외날개를 이용하여 팽이처럼 돌면서 떨어지는 것을 지켜봅니다. 바람이 거의 느껴지지 않는데도 조금씩 붙어있던 열매가 스르르 어미의 손을 놓습니다. 씨앗의 여행은 바람 좋은 날만 떠나는 것이 아닌 모양입니다. 개서어나무 열매는 다음 해 1월까지도 나무에 매달려 있다가 하나둘 떨어져 내리기도 하고, 겨울 새의 먹이도 됩니다. 몸집이 작은 딱새들이 높은 가지에 앉아 개서어나무 열매를 따 먹는 것을 봅니다.

7~8월 익어가는 층층나무 풋열매는 새들의 좋은 먹이가 됩니다. 흔히 풋열매에는 지신을 보호하기 위한 독성이 있다고 하는데 층층나무 열매도 그런지 모르겠지만, 직박구리는 전혀 개의치 않습니다. 직박구리들이 나뭇가지 사이에 모여 노래 부르며 먹는 모습을 봅니다. 풍성한 곳간 위에 앉은 직박구리들은 부러울 게 없는 계절을 누리고 있습니다. 이것 또한 한때의 풍경입니다. 파랗던 열매는 곧 우윳빛으로 변하고 시간이 지나면서 보

상수리나무에서 금방 떨어진 도토리 2018.10.3.

숲의 뼈대를 이루는 나무

개서어나무 풋열매 2016.7.9.   겹겹이 층을 이룬   산책로에 떨어진 씨앗과 날개 2017.1.2.
                          가을의 열매 2017.11.4.

층층나무 열매 ◁ 2016.6.15. △ 2017.7.6. ▷ 2018.9.5.

랏빛으로 변해 조금씩 떨어지기도 합니다. 잘 익은 열매는 아름다운 보석 같습니다. 8월 중순 열매 송이가 잘린 듯이 떨어져 내리는 것을 봅니다. 그래서 가을에 알알이 익은 층층나무 열매를 보기가 쉽지 않습니다.

이팝나무의 열매는 쥐똥나무와 비슷한데 조금 더 큽니다. 열매가 무척 많이 달리는데, 가을이 오면 기다렸다는 듯이 바닥으로 후드득 떨어져 내립니다. 가을 이팝나무 아래에는 이렇게 떨어져 내린 까만 열매가 가득합니다. 어미 나무 아래에 떨어진 열매들은 싹이 나더라도 생존경쟁이 심할 터입니다. 아니 그냥 사라질 확률이 훨씬 높습니다. 그런데도 이팝나무는 새들을 이용하여 열매를 퍼뜨릴 생각이 별로 없나 봅니다.

12월에 접어들면 숲에서 열매가 빠르게 사라져 갑니다. 윤노리나무

생명의 숲 함양상림

이팝나무 열매 ◁ 2018. 6. 29. △ 2016. 9. 19. ▷ 2018. 10. 31.

윤노리나무 열매 ◁ 2016. 8. 11. ▷ 2019. 10. 28.

열매는 가을에 잎이 모두 떨어지고 나면 발갛게 제 모습을 드러냅니다. 이때 붉은 열매는 더욱 돋보입니다. 풍성하게 달린 열매는 겨우내 새들의 좋은 먹이가 됩니다. 2016년 숲에 알알이 붉은 윤노리나무 열매가 흐드러지게 열렸습니다. 직박구리들이 모여들어 와자지껄 한바탕 축제를 여는 모습을 봅니다. 이 풍요로운 가을날의 축제는 짧은 해만큼이나 빠르게 지나갑니다. 초겨울 아침 윤노리나무 열매를 따 먹던 직박구리가 함화루 곁 우물에 내려와 목을 축이고 포르르 날아갑니다.

　　윤노리나무 열매의 축제는 해거리가 심해서인지 혹은 다른 이유 때문인지 2016년 이후엔 다시 보지 못했습니다. 이해 열매는 초겨울까지 발갛게 매달려서 새들의 겨울 식량이 되었습니다.

초겨울까지 흐드러지게 매달렸던 윤노리나무 열매 2016.11.29.

◁ 때죽나무 열매 2018.10.7.
△ 작살나무 열매 2016.8.25.

　　새들을 중매쟁이로 삼는 열매는 나무에 오래 매달려 있어야 새로운
정착지로 옮겨갈 가능성이 커집니다. 포유류가 좋아하는 도토리는 서둘러
땅에 떨어져야 유리하지만, 붉은 열매는 반대입니다. 이러한 사실을 증명이
라도 하듯 그해 윤노리나무는 붉은 눈망울이 쪼글쪼글해질 때까지 오래
매달려 있었습니다. 새들에게도 참 고마운 일이지만 윤노리나무 열매도 후
손을 멀리까지 퍼뜨릴 수 있으니 서로 좋은 공생관계입니다. 식물이 과육을
나누는 공진화 덕분에 생물 다양성은 폭발적으로 늘어났습니다.

　　때죽나무 열매는 익으면 겉껍질이 벌어지면서 단단한 껍질에 윤기가
나는 씨가 드러납니다. 삽시간에 껍질이 쪼그라들면서 한순간 후드득 떨
어져 내립니다. 열매의 색깔도 그렇고 미련 없이 떨어지는 걸 보니 새들에게
잘 보일 이유는 없는 듯합니다. 그런데 이우만 화가의『새들의 밥상』을 보
니 곤줄박이가 때죽나무 씨앗을 양발로 잡고 까먹는다고 하는군요. 어느
날 바닥에 떨어진 열매를 주워보니 구멍이 뚫려 있습니다. 이 단단한 껍질

의 속을 파먹는 작은 곤충이 있는 모양입니다. 단단한 열매는 그 속에 영양분이 가득하다는 뜻이기도 합니다. 그러니 호두나 잣같이 단단한 열매를 호시탐탐 노리는 동물이 많습니다. 어느 날 다람쥐 한 마리가 단풍나무 가지에 앉아 두 손으로 무언가 먹고 있는 것을 봅니다. 그 모습을 포착한 사진을 확대해 보니 껍질이 반쯤 까진 것이 때죽나무 열매 같습니다.

때죽나무와 쪽동백나무는 가까운 사촌입니다. 함양상림에서는 이 나무를 서로 구별해볼 수 있습니다. 겨울에는 겨울눈을 비교하면 금방 알 수 있습니다. 잔털로 가득한 벙어리장갑 모양이 확실하게 보이는 것이 쪽동백입니다. 때죽나무의 겨울눈은 조그마합니다. 나무껍질은 표면이 매끈한 게 서로 비슷합니다.

작살나무 열매는 보랏빛 보석처럼 빛납니다. 이 열매 역시 잎을 모두 떨군 채 한동안 열매를 매달고 있습니다. 새들을 중매쟁이로 삼는 붉은 열매 계열에 넣을 수 있겠습니다. 이처럼 단조로운 겨울 숲에서 선명하게 자신을 드러내고 있으면 중매쟁이를 만날 확률이 높습니다. 작살나무 열매는 볼 때마다 아름답다는 생각이 듭니다. 생존을 위한 자연의 행위는 어찌 이토록 아름다운지요?

햇살 밝은 가을날 작살나무 열매에 얼굴을 박고 있을 때였습니다. 한 무리의 아주머니들이 지나가면서 "이 열매를 예전에 하늘진주라고 불렀어!" 하고 말하는 게 아니겠습니까. 순간 속으로 '오호! 멋진 이름이네' 하면서 얼굴을 들고 그 아주머니를 쳐다보았습니다. 주변의 자연이나 사물을 관찰하고 나름의 이름을 불러주는 것은 참 재미있는 일입니다. 사람들과 함께 숲에 들었을 때 생물의 생김새에 어울리는 이름을 새로 짓는 게임을 해보는 것도 좋을 듯합니다.

◁ 사람주나무 열매 2017. 10. 26.
△ 가막살나무 열매 2018. 11. 10.

　　사람주나무 열매는 가을 단풍과 어우러지며 묘한 매력을 줍니다. 결실이 그리 좋은 편이 아니라 어떤 해에는 열매를 거의 볼 수 없을 때도 있습니다. 열매 하나가 3개의 방으로 나누어져 각각 하나의 씨를 담고 있습니다. 핵가족에다가 자기 방은 확실하게 챙기는 스타일입니다. 사생활이 무척이나 중요한 사춘기 아이들의 모습 같습니다. 1인 가구와 코로나 시대의 자가격리나 재택근무도 떠오릅니다. 사람주나무는 이런저런 매력을 다양하게 지닌 나무입니다. 첫째, 햇잎의 짙붉은 색감. 둘째, 가을날의 아름다운 단풍. 셋째, 사생활이 확실한 열매. 넷째, 매끈한 각선미를 지닌 수피! 사람주나무 껍질은 매끈하고 흰빛이 돌아 겨울에 금방 눈에 띕니다.

　　가막살나무 열매도 붉게 물들어 겨우내 매달려 있습니다. 겨우내 쪼그라진 열매는 새들의 좋은 먹이가 됩니다. 가막살나무 열매에는 오래된 생활 속 이야기가 있습니다. 고대 원시인들이 술을 담가 먹었다는 것인데요. 신석기시대 술독으로 사용했던 일본의 유물에서 가막살나무 열매가

대팻집나무 열매 2018.10.30.   나도밤나무 열매 2016.8.5.

발견되었답니다. 원시 인류가 불과하게 술을 즐겼다는 사실은 우리의 음
주 문화가 참 오래되었다는 것을 말해줍니다. 가막살나무의 붉은 열매는
발효가 잘 일어나는 모양입니다.

　　대팻집나무는 예전에 대패를 만들던 나무라 합니다. 꽃은 연초록으
로 피어 잘 드러나지 않습니다. 설익은 열매도 마찬가지입니다. 하지만 붉
게 익은 열매는 푸른 잎과 대비를 이루어 금방 눈길을 끕니다. 가을에 노랗
게 물드는 단풍과 붉은 열매가 또 한 번 극적인 대비를 이룹니다. 새들의
눈에 들기 위한 전략으로 보입니다. 열매는 잎을 모두 떨군 겨울에도 매달
려 있어 직박구리 등 새들의 좋은 겨울 식량이 됩니다.

　　그리고 보니 숲에는 붉은 열매가 상당히 많습니다. 하지만 함양상림
에 대팻집나무는 몇 그루 없을 뿐 아니라 열매를 맺는 경우도 거의 없었습
니다. 나도밤나무는 밤나무라는 이름이 붙었지만, 열매는 전혀 밤을 닮지
않았습니다. 크기는 팽나무 열매 정도입니다. 층층나무 열매처럼 흐드러진
꽃에 비하면 온전히 익은 열매는 그리 많지 않은 편입니다. 엄청난 꽃을 피
우지만 남는 게 별로 없는 것이 꼭 아귀의 커다란 입 같습니다. 하지만 층

물푸레나무 열매 2016.6.27.

당단풍나무 열매 2017.10.17.

복자기나무 열매 2016.12.28.

층나무나 나도밤나무가 숲에서 무성하게 번성하고 있으니 자손을 키우는 데 소홀하다고 볼 수는 없겠습니다.

물푸레나무는 무리 지어 꽃을 피운 만큼 가을이 되면 열매도 엄청나게 매달립니다. 이 열매는 겨우내 서로의 몸들이 부대끼며 서걱거리는 소리를 내면서도 한참을 달려있습니다. 물푸레나무 열매는 길쭉한 하나의 날개를 가지고 있습니다. 날개 위쪽에는 씨앗이 하나 있습니다. 씨앗과 날개의 무게가 정확하게 균형을 이룬다고 합니다. 이렇게 정교한 외날개 프로펠러는 바람을 타고 빙글빙글 돌면서 잘도 날아갑니다. 흐드러지게 매달리는 열매는 가을바람에 떨어져 나가기도 하고, 다음 해 여름까지 가지에 남아있기도 합니다. 다음 해의 푸른 열매가 맺힐 때까지 매달고 있던 묵은 열매를 바람이 불 때마다 조금씩 떨어뜨리는 나무를 본 적도 있습니다. 이 열매는 새들에게 먹히기 위해서 오래도록 매달려 있는 것은 아닙니다. 바람에 날려가는 씨앗도 오래도록 매달려 있는 것이 후손을 퍼뜨리는 데 훨씬 나을 것입니다.

복자기나무는 단풍잎을 모두 떨구고 나면 단풍나무 특유의 열매가 드러납니다. 주변에서 볼 수 있는 단풍나무 종류 중에서 열매가 가장 큽니

쥐똥나무 열매 2019.2.25.   까마귀밥나무 열매 2021.11.5.   생강나무 열매 2018.11.10.

다. 복자기 열매는 프로펠러도 큰데다 무겁고 튼튼해서 좀 더 센 바람이 필
요할 듯합니다. 열매는 한겨울을 지나 3월 중순까지 나무에 붙어있는 것이
있습니다. 상림우물 곁에 있는 복자기나무가 그랬습니다.

　느티나무 열매는 콩알보다 훨씬 작습니다. 이 열매를 처음 보았을 때
많이 놀랐습니다. 나무의 크기에 비해 너무나 작은 열매를 맺고 있었으니
까요. 그 작은 열매 한 톨에도 천년을 사는 신령스러운 '느티나무'의 혈통
이 고스란히 들어있습니다. 느티나무는 버들가지처럼 가늘고 부드러운 가
지 끝에 조그만 열매가 옹기종기 매달려 있습니다. 이때 열매가 달린 가지
의 잎들은 눈에 띄게 작은 것을 볼 수 있습니다. 가까이 있는 잎에서 열매에
양분을 공급하기 때문에 이런 현상이 나타나는 것이라고 봅니다. 열매에
에너지를 집중하다 보니 잎을 키울 틈이 없는 것이지요. 자식에게 평생 쓸
에너지를 다 몰아 주느라 껍데기가 되어가는 엄마와 닮았습니다.

　11월 말 낙엽을 떨군 나무에 붙어있던 열매가 휘몰아치는 바람에 떨

◁ 느티나무 열매 2015.10.22.
△ 팽나무 열매 2021.11.6.

어져 내립니다. 작은 잎을 촘촘하게 단 가지가 통째로 떨어져 빙빙 돌면서 바람을 타고 날아갑니다. 가만히 보니 가지에 달린 잎들이 한 뭉치로 프로펠러 역할을 하고 있습니다. 멀리 날아가지는 못하지만, 열매에 조금이라도 도움이 되는 구조가 아닌가 싶습니다. 느티나무 열매를 들여다보면 표면에 짱구처럼 뒤틀린 각이 있습니다. 가을이 무르익을 즈음 커다란 느티나무 아래를 보면 이 열매들이 떨어져 소복하게 쌓여 있습니다. 이처럼 나무가 수많은 열매를 맺는 것은 불확실성에 대비하는 전략이라 볼 수 있습니다. 생명은 불확실성이 높을수록 후손의 수를 늘리려 합니다. 영장류나 인간이 후손을 하나둘만 낳게 된 것은 살아남을 확률이 그만큼 높기 때문이겠지요.

　팽나무는 콩알만 한 열매가 듬성듬성 달립니다. 느티나무보다 크고 둥근 형태입니다. 푸른색에서 노란색, 붉은 갈색 순서로 익어갑니다. 팽나무 풋열매는 잎 안쪽에 감추어져 있어서 잘 보이지 않습니다. 아직 때가 되지 않아 꼭꼭 숨어있는 것입니다. 과육을 가진 열매의 공통적인 전략입니다. 열매가 다 익으면 "자 이제 나를 따 가시오." 하고 화려한 색깔로 신호를 보냅니다. 팽나무 열매는 먹을 것이 귀한 겨울 새들의 먹이가 됩니다. 그러나 씨앗은 크고 과육은 거의 없어서 새들이 얼마나 좋아할지는 알 수 없습니다.

어릴 때 팽나무 열매를 먹어본 기억이 있습니다. 별로 먹을 것은 없지만 맛이 달곰합니다. 그때는 이 나무를 포구나무라 불렀습니다. 느티나무나 팽나무에서 보는 것처럼 나무가 크다고 해서 열매도 크지는 않습니다. 나무의 처지에서 보면 씨를 날라다 줄 비행사의 입장과 요구 사항을 무시할 수 없을 것입니다. 그래서 새들이 먹고 소화하기에 적당한 크기로 열매를 맺습니다. 하지만 포유류를 상대하는 나무의 열매는 사정이 다릅니다. 크기도 클 뿐 아니라 주황색이나 노란색, 갈색 또는 녹색의 열매를 주로 맺는다고 합니다. 나무는 어떤 대상과 공생관계를 이루느냐에 따라 열매의 크기와 색깔, 형태마저 다르게 하고 있습니다.

눈여겨볼 함양상림의 나무들

함양상림에서 제일 큰 졸참나무는 동쪽 산책로 중간쯤에 있습니다. 가슴높이 둘레를 재어보니 3m 50㎝가 나왔습니다. 졸참나무는 상림의 숲을 떠받치는 가장 큰 기둥입니다. 생물 다양성을 높이는 데 큰 몫을 하고 있습니다. 특히 녹음이 우거지는 한여름의 졸참나무 아래 모여드는 생명은 정말로 많습니다.

함양상림을 더욱 상림답게 하는 또 다른 나무는 이팝나무입니다. 동

거대한 졸참나무 가지들의 너른 품 2015.8.31.

쪽 산책로를 따라서 오래 묵은 이팝나무가 몇 그루 서 있습니다. 그중 제일 큰 나무는 독립수로 있었다면 보호수나 마을의 정자나무로 사랑받았을 만큼 당당한 위풍을 지니고 있습니다. 가슴높이 둘레를 재어보니 3m 10㎝가 됩니다. 이 나무에 가까이 다가가 속이 팬 몸통을 바라보니 오랜 세월의 흔적을 실감할 수 있습니다. 이팝나무는 오월의 흰 꽃도 좋지만, 한 겨울 고목의 가지는 특유의 조형미가 있습니다. 동쪽 산책로 곁 늙은 이팝나무 잔가지는 나이를 먹으면서 촘촘하고 자연스러운 굴곡을 만들었습니다. 온갖 세파를 겪는 동안 움츠리고 나아가기를 반복하며 만들어낸 삶의 무늬입니다. 어린나무의 가지가 하늘을 찌를 듯 쭉쭉 뻗어나가는 것과 대조를 이룹니다. 나이가 들면 중력의 무게를 이기지 못해 가지가 옆으로 펴

숲의 뼈대를 이루는 나무

함양상림 동쪽 산책로 곁 제일 큰 이팝나무 ◁ 2021.5.19. ▷ 2017.12.22.

져나갑니다.

함양상림에는 늙음의 멋을 지닌 이팝나무가 한 그루 더 있습니다. 사운정 연못 건너에 있는 구부정한 나무입니다. 이 나무는 함양상림의 자연유산에 한 장을 덧붙이고 있습니다. 마치 정겨운 이야기가 녹아있는 정자나무 같습니다. 나이를 얼마나 먹었는지 정확히 알 수는 없지만, 꽤 오래전부터 이 자리를 지켜온 듯합니다. '이 나무가 주변 환경이 변해온 역사와 지나다니는 사람들의 이야기를 토해낸다면 얼마나 버라이어티할까?' 하는 생각을 해봅니다. 세월을 기억하고 있는 나무는 살아있는 역사입니다. 그 나무의 언어를 우리가 알아듣지 못할 뿐입니다. 이 이팝나무는 산책로를 걷는 사람들의 쉼터가 되어줍니다.

함양상림에는 겨우살이도 숲의 일원으로 살아가고 있습니다. 겨우살이는 다른 나무에 더부살이하면서 스스로 광합성도 하는 반기생식물입니

사운정 연못 곁에 있는 늙은 이팝나무 ◁ 단풍 2017.11.4. ▷ 꽃 2019.5.14.

다. 광합성을 한다지만 훔쳐 먹기가 주특기입니다. 함양상림의 겨우살이는 졸참나무 고목에서 주로 살지만, 개서어나무나 다른 나무에서도 가끔 보입니다. 숲을 걷다 보면 졸참나무 고목의 둥치에 남의 생명을 잉태했던 흔적이 불쑥불쑥 보입니다. 겨우살이가 뭉쳐 자라고 있는 곳의 줄기는 불룩하게 배가 나오기 마련입니다. 지나치게 많은 양분이 그곳으로 모여들었을 테니까요. 겨우살이가 후손을 남기는 방식은 너무나 기발해서 놀랍기만 합니다. EBS 다큐프라임 〈녹색동물〉에서 보니까 겨우살이를 퍼뜨리는 주인공은 직박구리입니다. 직박구리가 겨우살이 열매를 따 먹는 이유는 어떤 영양분이라도 얻을 수 있기 때문이겠지요. 아무리 먹성이 좋은 직박구리라지만, 성가시고 이익이 없는 일을 계속하지는 않을 테니까요. 겨우살이 열매는 잎이 모두 떨어지는 겨울에 맺혀 새들의 눈에 잘 띕니다. 함양상림에서 볼 수 있는 열매의 색깔은 모두 밝은 미색입니다. 열매 크기는 직박구리 부

늦가을 노란 열매를 달고 있는 겨우살이 2021.11.26.

리 크기에 알맞은 정도입니다. 역시 한입에 쏙쏙 먹기 좋은 팽나무 열매만 합니다.

직박구리가 열매를 따 먹고 응가를 하면 씨를 둘러싸고 있던 과육 속의 점액은 소화되지 않은 채 그대로 나온답니다. 이 씨앗이 나뭇가지에 잘 떨어지면 그 자리에서 뿌리를 박고 봄이 오면 햇잎을 냅니다. 가지에 정확히 맞추지 못했더라도 걱정할 문제는 없습니다. 씨를 포함하고 있는 끈적거리는 점액이 1m까지 늘어난다고 하니까요. 이 점액의 진가는 바람이 불 때 드러납니다. 바람에 흔들거리던 씨앗은 이내 나무줄기에 가서 찰싹 달라붙습니다. 이제 직박구리의 몸을 빌려 후손을 잉태할 준비는 끝났습니다. 어떤 책에는 이런 내용도 있습니다. 끈적끈적한 액을 가진 열매는 점성이 강해 새의 깃털이나 부리에 달라붙습니다. 새는 이것을 떼어내려고 나뭇

중앙숲길 가의 졸참나무 겨우살이 2018.1.7.　　　서쪽 산책로 가의 졸참나무 겨우살이 2020.10.25.

가지에 몸을 비비는데 이때 씨앗이 나무 틈에 자리를 잡고 뿌리를 내린다는 거죠. 눈도 코도 없고 뇌도 없는 식물이 남의 생명에 빌붙어서 살아가는 방법을 어찌 이리도 놀랍게 생각해냈을까요?

　　겨우살이는 한 번 줄기가 꺾이면 다시는 그 자리에 새순이 나오지 않습니다. 중앙숲길이 끝날 즈음 대죽마을 들어가는 길과 만나는 곳에 커다란 졸참나무 한 그루가 있습니다. 손을 높이 뻗으면 닿을 만한 높이에 싹을 틔운 지 오래지 않은 겨우살이가 자라고 있었습니다. 어느 날 보니까 누군가 걷어가고 없습니다. 이 자리를 지나갈 때면 계속 쳐다보곤 했는데 뜯긴 자리에 새순은 거의 올라오지 않았습니다. 서쪽 산책로 북쪽 끝부분의 졸참나무에는 도구를 써야 할 만큼의 높이에 공처럼 둥그렇게 잘 자란 겨우살이가 붙어있었습니다. 열매도 여러 개 달려있어 건강한 모습이었습니다. 새순이 돋아나며 변해가는 모습을 모니터링하면서 관찰 중이었는데, 어느 날 보니 흔적도 없이 사라졌습니다. 겨우살이가 민간약으로 좋다고 하니 누군가 걷어간 것 같습니다.

　　함양상림에는 조금 다른 방향에서 눈여겨보아야 할 나무들도 있습니

숲의 뼈대를 이루는 나무　　　　　191

함양상림 옛 비석거리 길목에 심은 키가 큰 나무들 — 중앙에서 오른쪽 2021.11.23.

다. 예전에 비석거리가 있던 숲의 남쪽 들머리는 그 당시 핫 플레이스였습니다. 숲에 드나드는 주요한 길목이었으니까요. 그곳에는 커다란 가죽나무 네 그루와 튤립나무 두 그루가 하늘을 찌를 듯 높은 키로 서 있습니다. 가죽나무는 한때 우리나라 곳곳에 가로수로 심은 적이 있다고 합니다. 수꽃에서 고약한 냄새가 나고 꽃가루는 알레르기를 일으킨다고 알려져 있습니다. 가죽나무는 번식력이 좋아서 한 번 심어놓으면 주변으로 금방 퍼져나갑니다.

튤립나무는 백합나무라고도 부릅니다. 원산지인 북미에서는 목재를 얻고자 많이 심는다고 합니다. 빨리 자라고 키도 엄청나게 크는 나무입니다. 우리 도로변이나 공원에 조경수로 심고 있습니다. 이 큰 나무들 아래에는 주변에서도 보기 드문 나무가 있습니다. 바로 우리나라 제주도가 자생지인 목련입니다. 상림우물 곁에 심어놓은 백목련하고는 완전히 다릅니다. 가는 꽃잎이 별처럼 펼쳐져 순박하게 보입니다. 이 나무는 자생지가 제주도이니 누군가 가져와 심었을 것입니다. 이곳에 심어진 가죽나무, 튤립나

옛 비석거리 길목에 심어 놓은 가죽나무 2018.12.15.

토종 목련 2020.4.4.

튤립나무 2015.10.25.

무, 자생목련은 조경을 목적으로 심은 나무들과 확실하게 구별됩니다.

　　이 나무들은 20세기 이후에 심었을 것으로 생각합니다. 주요한 길목이라는 장소의 상징성으로 볼 때 식목의 가능성이 엿보입니다. 가죽나무는 중국 원산의 나무이고, 튤립나무는 미국 원산의 나무입니다. 그리고 우리 토종 목련까지 이곳에는 중국, 미국, 한국의 나무들이 다 들어와 있습니다. 이 밖에도 네군도단풍, 탱자, 산수유, 매화, 개나리, 아까시나무, 백당나무, 회화나무, 백목련 등이 들어와 있습니다. 개오동, 헛개나무, 꾸지뽕나무 등 약재로 쓰는 나무는 동쪽 산책로를 따라 나타나고 있습니다. 아마도 산삼축제를 목적으로 심은 것 같습니다.

　　함양상림에 이질적인 나무를 심는 것은 천년숲의 생태적 가치와 보전에 역행하는 일입니다. 함양상림이 천연기념물로 지정될 수 있었던 것은 다른 마을숲에서 볼 수 없는 독특한 생태적 가치와 천년의 역사문화가 뒷받침되었기 때문입니다. 함양상림의 고유하고 귀한 식물종이 사라지지 않도록 잘 보전하는 것이 최선의 관리 아닐까요?

천년숲에 깃든 새

— 함양상림에 둥지를 튼 조류 생태 관찰기

숲에서 보는 새

까치와 멧비둘기는 인간하고 아주 친숙한 새들이지요. 그래서 함양상림에 찾아오는 새 중에서도 살가움이 있습니다. 높은 나뭇가지에는 까치집이 여럿 있습니다. 대략 10개는 될 것 같은데, 함양상림을 생활 영역으로 번식하면서 살아가고 있습니다. 2017년 2월 중순쯤 남쪽 화장실 앞 커다란 느티나무에서 까치 부부가 묵은 둥지를 고치는 모습을 지켜봅니다. 근처에 내려앉아 나뭇가지를 물고는 무척 부지런히 둥지에 갖다 나릅니다. 계속 쳐다보고 있으니 경계하듯 근처로 날아갔다가 다시 돌아와 집수리를 계속합니다.

그 당시 이 느티나무 아래에는 할머니들이 농산물들을 가져와 장터를 열고 있었습니다. 그런데도 까치는 바로 위에 있는 둥지를 고쳐 썼습니

남쪽 화장실 느티나무의 둥지를 고치는 까치 2017.3.7.

3년 뒤 까치가 살지 않아 허물어지고 있는 느티나무 둥지 2020.11.2.

느티나무 곁 갈참나무의 둥지를 고치는 까치 2022.3.15.

다. 한낮에 사람들이 모여 와자지껄해도 크게 신경 쓰지 않았습니다. 2020년 가을 이 까치집이 허물어진 것을 보니 이해에는 까치가 살지 않은 것 같습니다. 2017년 봄에 고친 집은 1~2년 살고 옮긴 것으로 보입니다. 2022년 3월 중순쯤 이 느티나무 근처 높은 갈참나무에서 까치 부부가 둥지를 고치고 있는 것을 봅니다. 지켜보고 있으니 보수공사를 하던 까치가 땅으로 포로록 내려앉습니다. 가만히 보니 무언가 열심히 쪼아먹습니다. 집을 짓는 일이 힘들다 보니 중간에 이렇게 참을 먹어가면서 작업을 하나 봅니다. 사람이나 짐승이나 자기가 살 집을 직접 짓고 리모델링 하는 일은 신경 쓰이고 고된 작업입니다. 참을 먹던 까치 부부가 잠시 뒤 다시 나뭇가지를 물고 둥지로 갑니다. 나뭇가지 무게 때문에 힘겹게 날아가다가 둥지 근처에서 꼭 한 번씩 쉽니다. 까치 부부는 계속 같은 방향에서 나뭇가지를 갖다 나릅니다. 대략 30m 정도 떨어진 거리입니다.

　까치는 지능이 높은 새로 알려져 있습니다. 공격성이 강하고 먹이도 이것저것 가리지 않는 잡식성입니다. 또 대가족을 이루어 살아가며, 높은 나뭇가지에 당당하게 집을 짓습니다. 사방이 뻥 뚫린 높은 데 둥지를 다 드러내 놓고 사는 것을 보니 까치는 자신감이 대단한 듯싶습니다. 그런데 까치 둥지는 다른 새들의 둥지와 달리 위를 막아놓았습니다. 문을 옆으로 내어 드나들기 때문에 하늘을 나는 맹금류의 공격을 피할 수 있습니다.

KBS 동물티비 〈애니멀 포유〉에서 옆으로 드나드는 까치둥지를 봅니다. 까치둥지는 새 둥지 중에서 가장 진화한 형태라고 합니다. 둥그런 공모양의 내부에 우리가 흔히 보는 모양의 둥지가 이중으로 있습니다. 바닥에는 부드러운 가지와 깃털이 깔려 있습니다. 그래서 내부 둥지는 보온력이 뛰어나답니다. 둥그런 공 모양으로 덮고 있으니 새끼가 외부 공격에 안전하기도 하겠지요? 가지를 끼워 넣는 방식의 둥그런 모양의 둥지는 외부에서 오는 힘이 분산되어 튼튼한 구조가 된다고 합니다. 까치둥지는 이처럼 완벽한 인공의 요새이면서 요람입니다.

까치는 높은 데 자리를 잡고 있으니 시야가 넓을 수밖에 없습니다. 훤히 내려다보고 멀리까지도 볼 수 있습니다. 그러니 공격과 방어, 먹이활동 등의 정보를 빨리 얻을 수 있겠지요. 실제 까치는 대단한 잡식성이고 천적을 피하는 능력도 뛰어나다고 합니다. 종종 맹금류와 맞짱을 뜨기도 합니다.

한겨울 위천의 강바람이 매섭게 불어오는 날 숲이 웅웅 울고 졸참나무 고목 위의 까치집이 일렁이는 것을 봅니다. 만약 새끼를 키울 때 태풍이라도 만나면 얼마나 위험할까요? 집을 지을 때 바람의 영향은 매우 중요합니다. 높은 나뭇가지에 지은 까치집은 태풍이나 폭우를 대비하기에는 위험해 보입니다. 까치도 그것을 아는 모양입니다. 어른들 말씀에 까치는 큰 태풍이 오는 해에는 아래쪽 튼튼한 가지에 집을 짓는다고 합니다. 동물은 미리 기후를 예측하는 능력을 지녔습니다. 자연과 교감하는 야생의 예민함 때문에 가능할 것입니다.

◁ 튼튼한 감시탑에 둥지를 지은 까치 2020.11.29.
▷ 상림 북쪽 물레방앗간 초가지붕에 앉은 까치 2020.1.20.

늦은 가을날 보니까 상수원 수원지 감시탑 위에 까치가 집을 짓기 시작합니다. 안전하고 편안한 생활은 생명의 본능 같은 것입니다. 그래서 까치는 흔들리지 않는 나무, 전봇대에다가 집을 짓기 시작했을 것입니다. 이 생명의 속성은 후손을 확실하게 남기려는 유전자의 숨은 의도가 아닐까 싶습니다. 자연의 많은 생명은 후손을 위해 목숨까지 기꺼이 바치고 있습니다. 한해살이풀은 씨를 남기고 나면 맥없이 시들고, 연어는 알 낳기가 끝나면 먼 여행에 지친 육신을 미련 없이 던지며, 심지어 수컷 사마귀는 짝짓기하면서 암컷에게 자신의 몸을 내어주지 않습니까?

멧비둘기는 이름처럼 야생의 숲에서 살아가는 새입니다. 하지만 기본적인 습성은 집비둘기하고 많이 닮은 것 같습니다. 공원에 집비둘기가 모여있는 것을 보면 참 순합니다. 그러니 길들이기 쉬웠을 테고 전쟁 때 전령으로 쓸 생각까지 했던 것 같습니다. 멧비둘기도 사람을 그리 경계하지 않고 순합니다. 그래서 그런지 둥지를 트는 장소도 아주 대담합니다. 사람이 많

짝짓기하는 멧비둘기 부부
2021.5.26.

다볕당 둥지에서 새끼에게 먹이를
주는 멧비둘기 2020.5.2.

둥지를 벗어난 어린 새에게 먹이를
주는 멧비둘기 2022.6.1.

멧비둘기의 번식

이 지나다니는 곳의 낮은 나뭇가지나 건물 처마에 대놓고 둥지를 틉니다.

상림운동장 한편을 지키고 선 다볕당 처마에는 멧비둘기 집이 다섯 채나 있습니다. 그동안 네 곳에서 멧비둘기가 알을 품는 것을 보았습니다. 사운정 처마 안쪽에서도 알을 품었습니다. 멧비둘기 처지에서 가만 생각해 보니 이게 오히려 더 안전할 수 있겠구나 싶습니다. 건물 안이라 비바람을 막아주는 것은 기본이고, 사람들의 잦은 통행이 천적의 접근까지 막아주니까요. 까치도 사람 근처에 둥지를 틀긴 하지만 멧비둘기 둥지는 그보다 훨씬 더 사람과 가깝습니다. 예전에 제비와 참새는 처마나 지붕에 둥지를 틀고 사람하고 같이 살았습니다. 이처럼 동물도 사람하고 특별히 친한 녀석들이 있습니다. 친한 것은 서로 정보를 많이 갖게 됩니다. 서로 반대편에 있어 먹고 먹히는 관계도 사실은 친한 관계입니다. 하나의 장(場)에 속해있기 때문에 서로를 잘 알게 됩니다.

멧비둘기는 꼼꼼한 건축에는 별로 관심이 없는 것 같습니다. 다른 새들보다 엉성한 집을 짓는 편입니다. 둥지의 재료는 가는 나뭇가지가 한 200개나 될는지, 아래에서 보면 구멍이 숭숭합니다. 좀 과장하면 품고 있는 알이 겨우 빠져나가지 않을 정도입니다. 여기에 비하면 까치집은 튼튼한 콘크리트에 이중의 안전장치를 지닌 호화 저택인 셈입니다.

새들은 종마다 집 짓는 방법이 다 다른데 거기에 저마다의 성격과 생활 습성이 고스란히 드러납니다. 멧비둘기의 건축 방법은 게으르고 성의 없어 보이지만, 한편으로는 이것이 야생의 새에게는 실용적이고 효율적이겠다는 생각이 듭니다. 봄에 둥지를 틀다가 위험이 느껴지면 바로 버리고 근처에 가서 또 얼기설기 지으면 되니까요. 게르를 걷어서 바로 떠나는 초원의 유목민처럼 위험에 임기응변하기에는 오히려 좋은 방법인지도 모르겠습니다.

2021년 5월 말 상림운동장 다멸당 곁 졸참나무에서 멧비둘기가 짝짓기하는 것을 봅니다. 바로 곁에는 얼기설기 지은 둥지도 있습니다. 잠시 잠깐 날개를 퍼덕이더니 곧 헤어져 따로 앉습니다. '올해 이 둥지에서 알을 낳고 새끼를 키우겠구나!' 하면서 내심 지켜보기로 마음먹었습니다. 그런데 무슨 일인지 그 뒤로 어미가 알을 품는 모습도 멧비둘기가 주변을 서성이는 모습도 볼 수 없었습니다. 어떤 이유인지 몰라도 이 둥지를 포기하고 다른 곳으로 옮겨간 것 같습니다.

2019년 8월 중순 상림운동장 남쪽 숲에서 도망가지도 않고 멀뚱히 앉아있는 새끼 멧비둘기 한 마리를 봅니다. 봄에 숲에서 태어난 것으로 보이는데, 아직 머리털이 다 나오지 않아 꼭 얄미운 아이처럼 보입니다. 2022년 6월 1일에는 둥지에서 이소한 멧비둘기 새끼 두 마리가 졸참나무 가지에 앉아 먹이를 받아먹는 것을 봅니다. 어미가 입을 한껏 벌리고 나뭇가지에 앉으면 새끼는 어미의 입속으로 부리를 깊이 박고 먹이를 먹습니다. 그 먹이가 곡물인지 애벌레인지는 보이지 않습니다.

그동안 함양상림에서 멧비둘기를 관찰하다 보니 특유의 습성이 보입

상림운동장 그네 옆 커다란 졸참나무 가지에서 태어난 멧비둘기 2020.7.5.

개서어나무 낮은 둥치 사이에서 태어난 멧비둘기 2022.4.12.

사운정 대들보에서 태어난 멧비둘기 2022.4.28.

다양한 멧비둘기 둥지

니다. 나뭇가지에 우두커니 앉아있기를 좋아합니다. 특히 겨울철에요. 멧비둘기는 엉덩이가 상당히 무거운 새가 아닌가 싶습니다. 수다스럽게 촐싹대는 직박구리와 완전히 대조를 이룹니다. 그래서 '숲의 은둔자'란 별명을 지어주었습니다. 멧비둘기는 숲에 드나들 때도 나뭇가지 사이를 조용조용 날아다닙니다. 번식기가 아니면 허튼 울음소리도 별로 내지 않습니다. 숲속에 가만히 앉아있으니 자신을 드러낼 일도 없습니다. 무색무취의 겨울 멧비둘기들입니다. 그래서 눈여겨보지 않으면 근처에 앉아있어도 몰라봅니다.

2022년 1월 초, 겨울 숲에 상당히 많은 멧비둘기가 그림자처럼 앉아있는 것을 봅니다. 커다란 개서어나무 빽빽한 가지에 꼼짝도 하지 않고 우두커니 앉아있으니 잘 보이지도 않습니다. 사진을 찍으려고 가까이 다가가니 퍼드덕 날아가는데 20여 마리는 되겠습니다.

또 하나 멧비둘기는 먹이를 땅에서 해결하고, 휴식은 나무 위로 올라와서 하는 걸 알게 됐습니다. 식사할 때는 흩어져서 하고 쉴 때는 이렇게 모

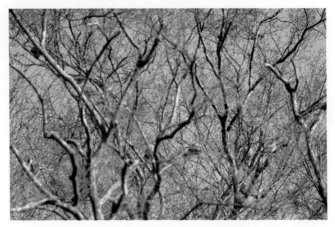

한겨울 개서어나무 숲에 그림자처럼 앉아있는 멧비둘기 떼 2022.1.8.

여서 쉬는 것 같습니다. 같이 모여있으면 경계에 도움이 될 것도 같습니다. 보는 눈이 많아지니까요. 멧비둘기는 주로 떨어진 곡식이나 나무의 열매를 먹고 삽니다. 먹을 것이 귀한 2월에는 마른 낙엽 위를 엉거주춤 기면서 힘겹게 먹이를 찾습니다. 가을에는 추수가 끝난 주변의 논밭에 모여들기도 하고요. 배를 채우고 나면 높은 나뭇가지에 앉아 해바라기를 즐기는 숲의 은둔자! 멧비둘기는 춥고 배고픈 나목의 계절을 이렇게 지나고 있습니다.

봄이 되면 짝을 부르는 멧비둘기의 사랑 노래를 자주 들을 수 있습니다. 멧비둘기 울음소리는 박자가 네 음절로 딱딱 맞아떨어집니다. "구~ 구~ 꾸꾸" 하고 절제되어 있습니다. 낮은 저음으로 그리 아름다운 목소리는 아닙니다. 이 소리를 어릴 적에 시골집에서 들었던 기억이 생생하게 남아있습니다. 이 특이한 멧비둘기 소리는 바로 위의 나무에 앉아서 울어도 낮게 깔리는 저음 때문에 멀리서 우는 것 같습니다. 거리를 가늠하기가 어렵습니다. 자신의 위치를 감추는 보호색과 같은 생존 전략인지도 모릅니다.

중앙숲길에서 먹이를 찾는 멧비둘기 2021.2.21.

천년숲에 깃든 새

층층나무 풋열매를 따 먹는 직박구리 2016.7.12.　　　　윤노리나무 열매를 따 먹는 직박구리 2021.10.21.

　　2022년 3월 중순 숲길을 걷다가 코앞에서 멧비둘기 한 마리를 발견
했습니다. 2m도 채 안 되는 거리에 있는 나무 위에서 갑자기 낮은 소리로
울기 시작합니다. 그런데 참 신기하게도 입을 꼭 다문 채 목에서 소리를 내
는 것이 복화술을 하는 것 같습니다. 그래서 멧비둘기 소리는 멀리서 우는
것처럼 들리는가 봅니다. 이 장면을 직접 눈으로 보고 확인하지 않았다면
멀리 있는 것으로 착각했을 정도입니다.

　　따스한 봄날 직박구리가 남쪽 개울에서 목욕하는 것을 봅니다. 날개
를 털며 몸을 반쯤 담그는 동작을 반복하다가 숲으로 포르르 날아갑니다.
봄에는 물 온도가 올라가니 몸단장도 할 만할 겁니다. 직박구리는 아주 흔
한 텃새로 떼로 모여 조잘거리는 수다쟁이입니다. 가리지 않고 무엇이든 잘
먹습니다. 층층나무 풋열매, 감태나무 까만 열매, 보석같이 빛나는 작살나
무 열매, 먹을 것이 별로 없어 보이는 팽나무 열매, 윤노리나무 열매 등등을
따 먹기도 합니다. 먹을 것이 귀한 철에는 헛개나무 열매같이 딱딱한 먹이
도 마다하지 않습니다. 사마귀 같은 곤충도 잡아먹습니다. 직박구리가 대
가족을 이루고 크게 번성할 수 있는 이유는 먹이를 가리지 않는 잡식과 떼

은행 열매의 껍질을 먹는 직박구리

2020. 1. 24.

수다스러운 직박구리 얼굴

로 모여 다니는 환경 적응에서 찾을 수 있을
것 같습니다.

어느 봄날 직박구리들이 활짝 핀 산수유나
무에 떼로 모여있는 것을 봅니다. 자세히 보니 꿀
을 따러 온 벌을 잡아먹고 있습니다. 참 대단한 근
성입니다. 6월 어느 날엔 흐드러지게 매달린 버찌
를 따 먹는 것을 봅니다. 제법 큰 새끼가 폴짝 날아
오더니 어미 새가 물고 있던 버찌를 쏙 받아먹습니다. '지천으로 널린 버찌
를 저 혼자서도 따 먹을 수 있을 거 같은데!' 유전자에 각인된 무의식과 엄마
란 존재를 새삼 생각해보는 순간입니다. 직박구리는 먹을 것이 넘치는 가을
철이면 숲 여기저기에서 떼로 모여 요란을 떱니다. 이때 흐드러진 윤노리나
무 열매는 새들의 좋은 먹이가 됩니다.

상림운동장 곁에는 커다란 감나무가 여럿 있습니다. 예전에 숲속에
들어와 살던 사람들이 감을 먹고 버린 것이 돌감나무로 자란 건지, 심은 건
지는 모르겠습니다. 이 감나무에 홍시가 익으면 직박구리들이 떼로 모여듭
니다. 귀하고 풍성한 만찬장을 모른 체할 수는 없을 겁니다. 사납기로 이
름난 까치도 함께 식사하고 있습니다. 예전에 감을 따고 나면 까치밥이라
해서 몇 개는 남겨두고는 했습니다. 하지만 그 맛난 음식을 어찌 까치만 먹
으러 오겠습니까? 하필이면 까치밥이라 한 데서 옛사람들이 까치를 얼마
나 좋아했는지 알 수 있습니다. 농경시대에 까치는 행운의 상징이었으니까
요. 지금은 감을 잘 따지 않아서 시골에는 겨울까지 감이 그대로 열려있는
나무도 많습니다.

3월 말 어치 한 쌍이 나뭇가지에 앉았다가 숲속 개울로 내려와 부리

버찌를 따 먹는 어치 2019.6.19.

로 물을 치다가 곧장 숲으로 날아갑니다. 물을 먹었나 봅니다. 어치도 슬
슬 몸을 풀 때를 맞았습니다. 2019년 6월 중순, 덩치 큰 어치 한 마리가 서
쪽 산책로 가에 심어놓은 왕벚나무의 열매 버찌를 정신없이 따 먹고 있습니
다. 몸무게 때문에 가지가 축축 늘어집니다. 버찌는 흐드러지게 열려서 새
들의 좋은 먹이가 됩니다. 덕분에 멀리까지 자신의 유전자를 퍼뜨릴 수 있
습니다. 이렇게 정당한 대가를 지불하는 식물 덕분에 상위 포식자(조류, 포
유류 등)들이 나타날 수 있었고, 다양하고 촘촘한 생태그물을 엮을 수 있었
습니다. 꽃 피는 식물 중에서도 견과류나 과육을 만드는 식물은 생물 다양
성에 큰 도움을 주었습니다.

　　어치는 도토리를 가장 멀리까지 옮겨주는 동물로 알려져 있습니다.
다람쥐나 청설모가 도토리를 많이 번식시킨다고 하지만, 멀리 옮겨주는 것

은 아니랍니다. 이동 반경이 새보다 훨씬 좁기 때문이겠죠? 어치는 도토리를 좋아해 그 자리에서 먹기도 하지만 입속에 넣고 날아간답니다. 다람쥐처럼 나중에 먹으려고 숲속에 숨겨놓으면 참나무 입장에서는 멀리까지 후손을 퍼뜨릴 확률이 높아집니다. 아직 함양상림에서 어치가 도토리를 먹는 모습을 보지 못해 안타깝기는 합니다. 봄철에 어치는 고로쇠나무의 꽃을 따 먹기도 하는 것 같습니다. 2018년 4월 중순, 어치가 노랗게 핀 고로쇠나무에 앉아 무언가 쪼아먹는 것을 보았습니다. 사진 자료를 확인해보니 꽃을 먹는 것으로 보입니다. 꽃은 열매만큼은 아니겠지만 영양이 풍부한 먹이입니다. 생식기관은 식물의 1순위 관리 대상이니까요?

어치는 멧비둘기만큼 덩치가 큽니다. 평소에 율동을 타면서 조용하게 숲속을 날아다니지만, 목소리는 아주 거칠고 괴팍합니다. 이런 어치의 얼굴을 가까이서 보니 눈매와 부리가 꽤 사납게 생겼습니다. 다른 새나 작은 동물이 잘못 걸리면 혼날 것 같습니다. 까치나 까마귀처럼 까마귓과에 속하는 새라고 하니 실감이 납니다. 거기다 어치는 다른 새의 울음소리를 흉내까지 낼 수 있다니 놀랍습니다. 어치 가족은 옷도 잘 입는 편입니다. 까마귀 집안은 항상 검은 옷만 걸치고 다니며, 까치 집안은 검은색과 흰색을 섞어서 옷 한 벌을 엮었습니다. 여기에 비하면 어치는 몸통과 날개, 꽁지깃 등의 옷감을 다르게 맞추어 나름 멋을 좀 부렸습니다.

함양상림에서 본 어치는 주로 한두 마리가 따로 떨어져서 활동하고 있습니다. 숲의 낮은 나뭇가지에 우두커니 앉아있는 모습이 제일 많이 보입니다. 혼자서 이렇게 숲 아래쪽에 우두커니 앉아있는 것이 어쩌면 먹이 사냥의 준비 자세인지도 모르겠습니다. 2020년 4월 말, 어치가 낮은 나무줄기에서 벌레 한 마리를 잡아먹는 것을 봅니다. 근처를 폴짝폴짝 뛰듯이 게

숲 아래 낮은 나뭇가지에 앉은 어치 2020.4.30.

속 옮겨 다니는 것이 날아다니는 벌레를 잡기 위한 행동이로군요. 덕분에 가까이서 그 모습을 포착했습니다. 나중에 사진을 확대해보니 벌레는 벌 같아 보입니다.

주변에서 액액~ 하고 시끄럽게 우는 물까치 소리가 들립니다. 같은 까마귓과라도 어치는 평소에 조용하게 주로 혼자서 지내는 편인데 물까치 는 그렇지 않습니다. 늘 "나 여기 있다." 하고 큰소리로 목청을 돋웁니다. 그리 상냥한 목소리도 아니고, 아름다운 목소리도 아닙니다. 차라리 까치 는 밝고 경쾌한 목소리가 친근감이 있습니다.

물까치는 까마귀처럼 떼로 모여 다니는 습성이 있습니다. 특히 겨울 에 그렇다고 합니다. 도시 주변에 사는 까치도 잠을 잘 때는 함께 모여서 집단행동을 한다고 합니다. 유튜브 채널 〈새덕후〉의 동영상에서 까치의 집 단행동을 본 적이 있습니다. 하지만 어떤 새든 육아를 할 때는 가족 단위로

상림운동장 남쪽 졸참나무에서 새끼를 키우는　　　둥지에서 고개를 내미는 새끼 물까치들　2020.6.21.
물까치 부부　2020.6.21.

물까치의 번식

흩어져서 생활할 수밖에 없나 봅니다. 물까치도 그렇고 원앙도 그렇고 까치도 그렇습니다. 새들에게 공동육아나 진정한 의미의 탁아소는 없습니다.

2020년 봄부터 상림운동장 남쪽 숲을 꾸준히 관찰해보니 물까치 둥지가 여러 개 보입니다. 운동장 안으로 들어와 있는 커다란 졸참나무에는 둥지가 세 개나 있습니다. 이 중 한 곳에서 물까치가 새끼를 키워냈습니다. 2020년 5월 말, 둥지에서 물까치 부부를 발견했습니다. 주변을 서성이는 물까치들을 계속 살펴보고 있으니 한 마리가 둥지에 앉습니다. 꼬리가 길고 배 앞부분이 흰 물까치가 분명합니다. 얼마 뒤에 이 졸참나무 아래에서 둥지를 관찰하다가 물까치의 공격을 받은 적이 있습니다. 물까치 역시 까마귓과의 새라 공격성이 강합니다. 근처에 있던 물까치 한 마리가 주변을 맴돌며 경계하다가 내리꽂듯이 달려들었습니다. 순간 방향을 휙 틀어서 날아갑니다. 알을 품고 있어서 어미 새가 극도로 경계를 했던 것 같습니다. 6월 말쯤 드디어 둥지에 새끼가 보입니다. 물까치 부부가 동시에 둥지에 날아와 앉았다가 사라집니다. 먹이를 주고 가는 것 같습니다.

상림운동장 남쪽 물까치가 새끼를 키운 졸참나무 2017.11.8.
◁ 겨울 2021.12.22. ▷ 늦봄 2022.5.18.

    2021년 물까치는 이 졸참나무 둥지의 어느 곳도 찾아오지 않았습니다. 알을 품지 않은 것이지요. 2022년 4월까지도 둥지의 형태는 온전하게 남아 있습니다. 둥지를 조금씩 보수해서 쓴다면 한번 지은 둥지는 3년까지도 거뜬히 쓸 수 있을 거란 생각이 듭니다. 2022년 5월 초에 보니 물까치가 2020년 새끼를 키웠던 둥지에 다시 자리를 틀고 앉아 시끄러운 소리를 냅니다. 새들은 한 번 썼던 둥지를 꺼린다고 하는데 항상 그런 것 같지는 않습니다. 자세히 살펴보니 이 졸참나무에는 한 나무에 두 개씩 물까치 둥지가 있습니다. 그래서 이 근처에는 항상 물까치들이 우르르 몰려 있습니다.

    2022년 6월 초에 보니 졸참나무 둥지 어디선가 물까치가 새끼를 키우고 있나 봅니다. 어미가 무언가 묵직한 것을 물고 운동장 가 바닥에 내려앉았다가 숲으로 들어가는 것을 봅니다. 부리로 콕콕 쪼기도 했는데 다가가 보니 죽은 새끼입니다. 아직 털도 나지 않은 상태인데 금방 어느 둥지에서 옮긴 것입니다. 그러니 물까치 새끼들은 아직 졸참나무 둥지에서 고개를 내밀 정도로 크지 못한 것 같습니다.

2021년 5월 말, 상림운동장 남쪽에 있는 뽕나무에 오디가 잔뜩 열렸습니다. 갑자기 시끌벅적한 소리가 들립니다. 오디를 따 먹던 다람쥐 한 마리가 삑삑삑 다급한 소리를 내며 황급히 나무 아래로 내려옵니다. 근처에서 새끼를 키우던 물까치가 공격했기 때문입니다. 다람쥐와 물까치가 오디를 두고 먹이 경쟁을 하는 풍경입니다. 다람쥐는 물까치의 상대가 되지 않으니 맛있는 오디를 먹으면서도 늘 경계를 해야 하는군요.

2022년 6월 초, 또 다른 물까치의 공격성을 보았습니다. 상림운동장 졸참나무 아래 나무의자에 누워 쉬고 있을 때입니다. 갑자기 물까치가 거친 목소리로 깍~ 깍~ 하면서 위협하는 소리가 들립니다. 놀라서 일어나 보니 졸참나무 둥지 아래에 고양이가 어슬렁거리고 있습니다. 물까치 네댓 마리가 떼로 몰려와 공격합니다. 고양이는 귀찮다는 듯 어슬렁거리며 멀찍이 물러나는데 물까치는 한동안 위협하며 따라갑니다. 물까치를 비롯한 새들이 새끼를 키울 때 고양이가 무서운 천적이 되는 것을 보는 순간입니다.

지금껏 살펴보니 숲에 둥지를 트는 새들은 멧비둘기도 물까치도 4월 중순이 지나서야 새 둥지를 짓습니다. 나무의 햇잎이 자라기 전에는 둥지가 노출되기 때문이겠지요? 작년에 썼던 둥지도 위치가 노출되었으니 꺼려지지 않을까 싶습니다. 하지만 함양상림에서 멧비둘기와 물까치가 둥지를 재사용하는 경우도 있었습니다.

물까치는 금슬이 참 좋은 것 같습니다. 새끼를 키울 때도 암수 한 쌍이 다정하게 육아를 하고 쉴 때도 나란히 함께 있는 것을 여러 번 봅니다. 상림운동장 주변에 나타나는 물까치들도 쌍쌍이 있는 것을 흔하게 관찰할

다볕당 앞 잔디밭에 베레모를 쓰고
앉아있는 다정한 물까치 부부
2020.6.6.

등지를 벗어난 어린 물까치
2021.6.17.

수 있습니다. 2021년에는 물까치가 훨씬 많이 늘어난 것으로 보입니다. 상림운동장 잔디밭에 내려앉아 있기도 하고, 운동장 가운데 있는 작은 졸참나무에 앉아있기도 합니다. 숲 곳곳에서도 보입니다. 멧비둘기 역시 개체수가 눈에 띄게 늘어났습니다. 혹시 어떤 이유로 먹이량이 늘었기 때문인지도 모르겠습니다. 그렇다면 그 전해에 함양상림의 생태에 변화가 생긴 것이라고 봐야 하지 않을까 싶습니다. 2020년부터 숲의 동쪽 경관단지에 메밀, 보리 등을 심은 영향이 아닌지 모르겠습니다.

2021년 6월 중순쯤 낮은 나뭇가지에 앉아있는 물까치 새끼를 봅니다. 상림운동장 근처에서 올해 태어난 것 같습니다. 새끼는 머리에 쓴 베레모가 아직 완전히 검은빛이 나지 않고, 짙은 회색 깃털이 보슬보슬합니다.

2020년 5월 말, 상림운동장 남쪽 척화비가 있는 길목에서 우연히 오

◁ 오색딱다구리 2022.4.2. ▷ 오색딱다구리가 새끼를 키운 졸참나무 둥지 2020.5.25.

◁ 작년에 오색딱다구리 둥지였던 동고비 둥지 2021.4.23. ▷ 동고비 2021.5.16.

딱다구리 둥지를 고쳐 쓰는 동고비

색딱다구리가 사는 둥지를 발견했습니다. 가늘고 힘없어 보이는 졸참나무 고목의 가지에 난 동그란 구멍입니다. 5~6m 거리의 의자에 앉아 가만히 지 켜봅니다. 어미가 날아와 구멍에 앉을 때마다 안에서 삑삑~ 하고 짧고 높

생명의 숲 함양상림

은 소리가 납니다. 어미는 머리를 구멍 안으로 넣고 부리를 톡톡 치면서 먹이를 건네주고는 금방 숲으로 사라지곤 합니다. 5월 30일에는 이 둥지를 박차고 날아갔는지 보이질 않습니다.

동고비는 딱다구리와 비슷한 습성을 지니고 있습니다. 하지만 나무를 파서 스스로 집을 지을 수는 없답니다. 그래서 비어있는 딱다구리 둥지에 집을 짓습니다. 몸집이 작다 보니 진흙으로 입구를 적당히 막아서 리모델링을 합니다. 커다란 입구는 천적으로부터 가족을 지키는 데 방해가 됩니다. 이렇게 책을 통해서 머리로만 동고비의 생활사를 알고 있었습니다. 그런데 2021년 4월 말 실제로 리모델링한 둥지에서 새끼를 키우는 동고비 가족을 발견했습니다. 2020년 5월 말 척화비 근처 오색딱다구리가 새끼를 키웠던 그 졸참나무 둥지입니다. 무척 기쁜 마음으로 자주 숲에 나가서 동고비 둥지를 관찰했습니다. 동고비 가족은 무사히 자라서 둥지를 박차고 나가 숲의 일원이 되었습니다. 그때의 관찰일지입니다.

"4월 26일 이 구멍에서 작은 새가 고개를 내밀더니 포로록 날아가는 것을 보았다. 어떤 새인지 확인을 못 했으니 궁금할 뿐. 5월 2일 다시 둥지에 가보고서야 어미 새가 동고비인 것을 확인했다. 작년에 오색딱다구리가 살았던 둥지를 알맞게 수리하여 보금자리로 삼은 것이다. 가까운 거리에서 지켜보고 있으니 벌레를 물고 와서는 어쩔 줄 몰라 하며 크게 경계를 한다. 좀 이따가 슬슬 다가오더니 구멍 속에 고개를 박고 나오는데 부리에 벌레가 없다. 새끼에게 먹이를 준 것이다. 5월 3일 둥지를 지켜보고 있으니 어미가 날아와서는 구멍으로 쏙 들어간다. 동고비 새끼는 아직 이소하지 않은 모양이다. 5월 5일에는 카메라를 챙겨 나가서 동고비가 둥지를 드나드는 것을 촬영했다. 5월 8일 저녁 6시쯤 동고비 둥지를 찾으니 아무런 기

봄날 오후 몸을 털어 깃털을 다듬는 동고비의 움직임 2020.3.24.

생명의 숲 함양상림

척이 없다. 둥지를 떠난 것이다."

　상림에서 동고비는 흔하게 볼 수 있습니다. 몸집이 작아 가볍고 날렵한 동고비는 딱다구리처럼 날카로운 발톱으로 나무등치를 찍으며 자유자재로 움직입니다. 딱다구리가 주로 아래에서 위로 이동하면서 먹이를 찾는다면, 동고비는 나뭇등걸의 방향을 가리지 않고 마음대로 움직여 다니면

지렁이를 물고 있는 호랑지빠귀 2022.6.1.

버찌를 물고 있는 호랑지빠귀 2022.6.1.

버찌를 다 큰 새끼에게 먹이고 있는 호랑지빠귀 2022.6.1.

서 먹이를 찾습니다. 나무줄기 겉면에 붙어있는 작은 벌레를 잡아먹기도 합니다. 2020년 봄날 동고비가 나뭇가지에 앉아 깃털을 다듬는 것을 봅니다. 날씨가 따뜻하니 날개를 흔들어 털을 부풀리다가 몸통을 부르르 떱니다. 순간 깃털이 어지럽게 춤추다가 다시 제자리를 잡고 가지런해집니다.

2018년 4월 중순, 상림운동장 근처 숲 바닥에 내려앉는 호랑지빠귀를 봅니다. 이내 다람쥐가 달려오더니 호랑지빠귀를 쫓아냅니다. 물까치한테는 혼이 났지만, 1년에 한 번 찾아오는 나그네새는 만만한 상대로 보였나 봅니다. 2022년 6월 초, 심한 가뭄이 들어 상림운동장 잔디밭에 계속해서 물을 뿌려댑니다. 물까치, 호랑지빠귀들이 물을 먹으러 찾아왔습니다. 호랑지빠귀는 이 잔디밭에서 물 냄새를 맡고 올라온 지렁이를 잡아 나르기 바쁩니다. 계속 같은 방향으로 날아가는 걸 보니 남쪽 숲 어디에 둥지를 틀고 새끼를 키우나 봅니다.

같은 날 동쪽 산책로 곁에 버찌가 잔뜩 떨어진 산벚나무 아래서 호랑지빠귀 세 마리를 봅니다. 두 마리는 새끼인데 어미가 계속해서 버찌를 물어다 새끼들의 입에 쏙쏙 넣어줍니다. 새끼들은 이미 많이 자랐습니다. 불과 2~3m 떨어진 거리에서 지켜보는데 새끼들은 수풀에 몸을 숨기고 어미는 바로 앞까지 와서 버찌를 물고 갑니다. 한 10여 분 지났을까? 새끼 한마리가 먼저 뒤로 물러서고 계속 먹이를 받아먹던 나머지 한 마리도 숲속에 몸을 숨깁니다. 어미도 새끼들을 먹이는 중간중간 자기 입속으로 버찌를 삼킵니다. 호랑지빠귀는 지렁이를 아주 좋아한다고 하는데 이처럼 나무 열매를 먹기도 하는 모양입니다. 2016년 9월 중순에도 숲 바닥을 기는 호랑지빠귀를 봅니다. 호랑지빠귀의 먹이 습성은 늘 이런 식입니다. 이제 슬슬 따뜻한 나라로 떠날 때가 되었으니 잘 먹어 두어야 하겠지요?

물에서 보는 새

위천 수원지 보 아래서 먹이활동 하는
검은댕기해오라기 2017.8.12.

앞에서도 살펴보았듯이 함양상림은 위천과 깊은 관계를 맺고 있습니다. 이런저런 이유로 위천에는 다양한 물새가 찾아옵니다. 그중에는 함양상림의 숲에 둥지를 틀고 새끼를 키우는 새도 있습니다. 위천에 나가 물고기를 주로 사냥하는 새들을 관찰해보았습니다. 물고기를 사냥하는 새의 부리는 길고 튼튼한 것이 특징입니다. 곤충이나 열매를 먹는 산새와 부리의 구조가 크게 다릅니다. 부리의 구조와 형태는 먹이활동에 따라 달라지기 마련입니다. 물총새와 검은댕기해오라기의 부리는 두꺼우면서도 날카로워 무척 위협적입니다. 왜가리나 백로는 부리가 훨씬 길쭉한데 역시 만만치 않습니다. 거기다 민첩한 긴 목마저 지니고 있습니다. 몸의 구조로 볼 때 왜가리나 백로는 몸통에서 시작하는 사냥의 영역이 더 넓다는 것을 알 수 있습니다. 그렇지만 물총새는 직접 물에 몸을 던지니 누가 더 우월하다고 말하기는 어렵겠습니다.

검은댕기해오라기는 여름 한 철 위천의 물이 떨어지는 보 아래에 자주 나타납니다. 빠른 물살을 초집중해서 바라보다가 재빨리 물고기를 낚아챕니다. 깃털이 푸른 별빛처럼 빛나는 물총새도 가끔 나타납니다. 2022년에는 관리 문제로 보 위로 물을 흘려보내지 않아 물살을 치고 올라오는 물

높은 졸참나무 둥지에서 고개를 내미는   나도밤나무잎에 떨어진 검은댕기해오라기 배설물
새끼 검은댕기해오라기들 2020.6.7.   2020.6.9.

둥지를 떠날 만큼 자라 가지에 나와 앉은 검은댕기해오라기들 2020.6.16.

검은댕기해오라기의 번식

고기가 없어졌습니다. 따라서 물새들도 보 아래에 오지 않게 되었습니다.

2020년 5월 말, 상림운동장 남쪽 숲에서 검은댕기해오라기 둥지를 발견했습니다. 높은 졸참나무 가지에 둥지를 지어놨습니다. 멧비둘기 둥지겠거니 하고 바라보는데 검은댕기해오라기가 앉아있습니다. 새끼를 키우는 둥지인데 멧비둘기 둥지보다 조금 크고, 훨씬 높은 데 있습니다. 위천에서 먹이를 구하고 숲에서 알을 낳아 새끼를 기르니 동선이 짧아 그만입

비 내리는 바위에 서 있는　　위천 바위에 서 있는 중대백로
왜가리 2019.8.27.　　　　　　2018.4.12.

니다. 일주일쯤 뒤에 보니 새끼들이 고개를 내미는 것이 보입니다.

이 무렵 화수정 근처 숲길에서도 검은댕기해오라기 둥지를 하나 발견했습니다. 나도밤나무잎에 떨어져 허옇게 말라붙어 있는 똥을 보고 알게 되었습니다. 작은 새들은 천적으로부터 새끼를 보호하기 위해 새끼의 똥을 먹어버리거나 멀리 내다 버립니다. 흔적을 없애버리는 것이지요. 하지만 이 녀석들은 그러질 않습니다. 덩치도 있고 매서운 부리도 지녔으니 자신감이 있나 봅니다.

사운정 근처 개서어나무 높은 가지에 있는 검은댕기해오라기 둥지에는 벌써 새끼들이 많이 컸습니다. 곧 이소할 것처럼 가지 옆으로 나와 앉아 있는데 세어보니 네 마리입니다. 검은댕기해오라기 집도 얼기설기 엉성하기는 멧비둘기 둥지와 별반 다르지 않습니다. 저 조그만 둥지는 다 큰 새끼들 네 마리가 살기에는 이미 비좁았을 터입니다.

왜가리나 백로는 유독 경계심이 많은 편입니다. 사진을 찍으려 다가서면 훌쩍 날아가 버립니다. 왜가리나 백로는 자신을 숨기기보다는 커다란 바위 위 시야가 확보되는 곳에 앉아서 쉽니다. 자기 눈으로 판단해서 위험하면 먼저 날아가려는 의도가 엿보입니다. 특히 백로는 깃털의 색깔이 유난히 잘 드러나는 흰색을 하고 있습니다. 그러니 숨는 전략은 포기한 듯합니다. 왜가리가 커다란 날개를 활짝 펼치고 위천에 내려앉는 모습을 보니 무척 아름답습니다. 앉아있을 때의 칙칙하고 조화롭지 못한 멀뚱한 몸매는 찾아볼 수 없습니다.

왜가리나 백로는 먹이를 사냥할 때 얕은 물가에서 서성이며 가만히 바라봅니다. 다리가 기니까 꼿꼿하게 선 상태로 사냥할 수 있습니다. 기다란 발을 툭툭 치면서 물숲에 숨어있는 물고기를 몰아세워 사냥한답니다. 물고기를 포착하면 유연한 긴 목을 휘둘러 사정없이 낚아챕니다. 평소 생활에 불편할 텐데도 목을 키운 이유가 여기에 있을 것입니다. 물방울을 튀기지 않고 물속으로 뛰어드는 물총새나 맹수 같은 부리를 앞세운 검은댕기해오라기와 또 다른 사냥법입니다.

2017년 8월 중순, 천년교 아래 젊은 쇠백로 한 마리가 급한 물살을 거스르며 올라오는 물고기에 시선을 집중하고 있습니다. 얕은 물을 경중경중 훑고 다니다가 여러 번의 사냥 끝에 물고기 한 마리를 잡아챘습니다. 어렵사리 물고기 머리 방향을 목구멍과 일치시키더니 한 번에 꿀꺽 삼키고는 흐뭇한 몸짓으로 흐르는 물에 부리를 씻습니다. 물새들은 물고기를 꼬리 방향으로 삼키지 않습니다. 잘못하면 날카로운 지느러미가 목에 걸릴 수 있어서일까요? 쇠백로는 발가락에 덧신으로 신은 노란 장화가 돋보입니다. 이 장화는 물숲을 더듬을 때 물고기가 놀라 달아나게 하는 역할을

중대백로 2018.4.8.
쇠백로 2017.8.12.

위천에서 물고기를 잡아먹는 백로들

한답니다. 백로 중에서 톡톡 튀는 개성을 지닌 쇠백로입니다. 덩치는 작지만, 불리한 조건을 극복하는 생존의 지혜가 돋보입니다.

2018년 4월 초, 위천의 불어난 물에서 중대백로 한 마리가 신나게 먹이에 집중하고 있습니다. 목을 길게 뻗어 물밑을 응시하다가 잔뜩 목을 사리고 때를 기다립니다. 한순간 목을 빠르게 놀려 커다란 물고기를 낚아채더니 꿀꺽 아침 식사를 합니다.

왜가리는 오래 참기의 달인입니다. 물질로 배를 채우고 나면 홀로 고독한 시간을 즐깁니다. 눈에 잘 띄는 바위 위에서 시간을 잊은 채 우두커니 서 있습니다. 나무는 안분지족(安分知足)의 현인이라 하지만, 왜가리는 안분지족의 고행자 같습니다. 느긋한 여유를 즐길 줄 아는 족속입니다. 백로 역시 고독한 시간을 즐기기는 마찬가지입니다. 옛 선비들이 이런 기질과 순수해 보이는 '흰색' 때문에 왜가리보다 백로에게 점수를 후하게 준 것이 아닐까 생각해봅니다.

2017년 8월, 천년교 수원지는 물풀인 마름으로 가득 찼습니다. 물을 가두어 둔 수원지가 습지의 연못처럼 변했습니다. 어떤 이유인지 정확히 모

위천 수원지의 마름을 헤치고 나오는 흰뺨검둥오리들 2017.8.12.

생명의 숲 함양상림

르겠지만 이런 풍경을 7년 동안 처음으로 봤습니다. 마름으로 뒤덮인 수면은 물새들에게 좋은 자연환경이 되었습니다. 물새들이 자주 나타나 반가운 얼굴을 보여줍니다. 그중에서도 흰뺨검둥오리들이 한 줄로 서서 마름 덤불을 헤치고 나오는 모습은 무척 인상적입니다. 앞선 녀석이 물풀을 헤치고 길을 만들면 뒤에서는 한 줄로 서서 쉽게 따라옵니다. 직선으로 나아가지 않고 S자 모양으로 부드럽게 지그재그를 그리며 앞으로 나아갑니다. 저항을 덜 받기 위한 행동일 겁니다. 마름 덤불 위에 그려지는 유연한 곡선이 시시각각 변하는 운율을 만들어 놓습니다. 위천 수원지는 비가 많이 오거나 홍수가 나면 수원지 보를 개방하기 때문에 안정된 습지나 연못의 역할을 하지는 못합니다. 홍수가 지나고 나면 강바닥은 뒤집어지고 마름들은 모두 떠내려가고 맙니다. 덧없는 부초의 운명이라 할까요?

흰뺨검둥오리는 위천에서 사계절 텃새로 살아갑니다. 짝을 지어 위천 수원지를 가로질러 다니기도 하고, 비가 오면 수풀에 몸을 숨기고 쉬기도 합니다. 2018년 8월 중순까지, 함양상림 동쪽에는 무성한 연밭이 있었습니다. 그때 흰뺨검둥오리 가족도 새끼를 데리고 연밭에 나왔습니다. 여름이면 연밭에서 먹이를 먹고 둑에 나와 쉬기도 하는 흰뺨검둥오리들을 쉽게 만날 수 있었습니다. 귀여운 새끼들을 지켜보고 있으면 기분이 흐뭇했습니다. 그런데 흰뺨검둥오리 가족은 원앙과 달리 사람의 눈길을 많이 꺼립니다. 항상 사람과 거리를 두고 움직입니다. 멀찍이서 바라만 봐도 꽁무니를 빼기 바쁩니다. 함양상림에서 흰뺨검둥오리 가족을 보는 것은 귀한 장면이었습니다.

위천 수원지에서 흰뺨검둥오리나 청둥오리가 머리를 물속에 처박고 물구나무서는 것을 봅니다. 좀 우스꽝스러운 먹이활동 장면입니다. 이렇

위천 수원지의 물을 가르는
흰뺨검둥오리 2017.8.22.

수풀에 몸을 숨기고 쉬는
흰뺨검둥오리 2017.8.14.

연밭으로 들어가는 흰뺨검둥오리들
2018.8.10.

꽁무니를 치켜들고 먹이활동 하는 물새들
◁ 청둥오리 2020.3.11. ▷ 흰뺨검둥오리 2017.8.12.

게 어리바리한 상태로 물고기를 사냥하지는 못할 것 같습니다. 논병아리
나 물닭은 물속으로 깊이 잠수하는데, 이 녀석들은 잠수하는 방법을 배우
지 못했나 봅니다. 그래서 얕은 물에서만 머리를 거꾸로 처박는 행동을 하
고 있습니다. 여럿이 꼬리를 하늘로 치켜들고 있는 모습을 보고 있으면 수
중발레를 하는 것 같습니다.

야생동물에게 겨울은 시련의 계절입니다. 흰뺨검둥오리, 청둥오리는

얼음이 언 상수원 연못 경계에서 나란히 쉬는 흰뺨검둥오리들 2018.1.28.

한겨울 위천 수원지에서 노니는 수컷 청둥오리들 2018.1.7.

겨울을 지내려고 위천 수원지를 찾아온 청둥오리들 2016.11.15.

겨울이 오면 원앙과 함께 상수원 연못이 꽁꽁 언 얼음 위에 무리를 지어 서 있습니다. 원앙은 저희끼리 따로 무리를 짓습니다. 몸을 잔뜩 웅크린 채 꼼짝하지 않고 붉은 오리발 하나로 서 있는 모습에서 야생의 고달픔을 느낍니다. 그래도 아늑하게 둘러 막힌 상수원 연못은 겨울 철새들의 휴양처가 됩니다. 얼음이 녹고 봄기운에 따스한 볕이 들면 물오리들은 신이 납니다. 위천 수원지로 나와 활기차게 움직입니다. 웅크렸던 날개를 펴고 한바탕 물장구를 칩니다. 쏜살같이 달리기도 하고 물을 튕기며 빙빙 돌기도 합니다. 물속에 들어갔다가 솟구치며 날개를 훨훨 펼치기도 합니다. 암수가 어울려 꽥꽥거리며 짝짓기 준비를 합니다.

논병아리도 겨울철이 오면 위천에 찾아옵니다. 그렇게 많이 무리 지은 것은 보지 못했고, 3~4마리 정도가 모여다닙니다. 논병아리는 오히려 깊은 물속에서 물질하는 데 더 익숙한 것 같습니다. 몸통의 뒷부분에 치우쳐 달린 다리에 물갈퀴가 있답니다. 그래서 잠수는 잘하지만 날아다니는 것은 서툴다고 합니다. 2020년 3월 말, 위천 수원지를 날아가는 한 쌍의 논병아리를 보고 있으니 실감이 납니다. 물 위를 뛰어가듯이 발로 물을 박차면서 수면 위를 날아갑니다.

논병아리는 아주 작은 새이지만 흰뺨검둥오리나 청둥오리, 쇠오리와 잘 어울려 지냅니다. 먹이 사냥 방식이 다른 이유도 있는 것 같습니다. 관심사가 다르니 다툴 일이 별로 없어 보입니다. 2022년 7월 위천 수원지 바위 위에 암컷 원앙 한 마리와 미시시피강에서 업혀 왔다는 붉은귀거북 세 마리가 함께 앉아서 쉬고 있는 모습을 바라봅니다. 낯선 풍경이었지만 서로는 평화로워 보입니다.

한겨울 위천 수원지에서 관찰한 논병아리나 물닭, 흰죽지는 물속 깊

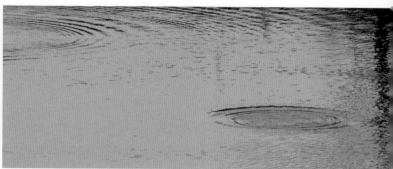

◁ 위천 수원지에서 홀로 물질하는 당당한 논병아리 2020.3.25.
▷ 물속으로 사라진 논병아리 2020.1.3.

천년교 보 아래 자갈밭에 앉아있는 흰목물떼새   위천 자갈밭 돌 틈에 낳은 흰목물떼새알 2022.5.26.
2022.4.12. ⓒ 최상두

이 잠수를 합니다. 작고 힘이 없는 것은 무리를 이루는 것이 상식인데, 논병아리는 작은 몸집에도 불구하고 주로 혼자서 물질을 합니다. 2016년 11월말, 위천 강둑을 서성이는데 논병아리 한 마리가 물속에서 은빛 나는 물고기를 물고 나왔습니다. 그 작은 몸집으로 물속이 주 생활 무대인 물고기를 어떻게 사냥할 수 있었을까요?

땅과 물은 전혀 다른 공간입니다. 서로 다른 장(場)에 있는 것을 사냥

꽁꽁 언 천년교 수원지 위에 앉은 할미새들
◁ 검은등할미새 2019.12.9. ▷ 백할미새 2018.1.20.

하려면 그 장에 완벽하게 적응해야 합니다. 논병아리의 오랜 조상은 잠수하기 위해 얼마나 오랜 세월 애를 썼을까요? 생존이 달린 문제이니 목숨을 걸고 그 어려운 먹이 문제를 해결했을 것입니다. 그래서 논병아리의 물질이 예사롭게 보이지 않습니다. 잔잔한 수원지에서 논병아리 한 마리가 동심원을 그리며 물속으로 사라집니다. 그 당당한 독립심에 엄지손가락을 치켜세웁니다.

2022년 봄, 위천에도 흰목물떼새가 산다는 것을 알게 되었습니다. '수달 아빠' 최상두 선생이 천년교 보 아래에서 필드 스코프로 보여주었습니다. 흰목물떼새는 워낙 작은 새인데 보호색을 띠고 자갈밭에 앉아있으니 맨눈으로는 확인하기 무척 어렵습니다. 이 흰목물떼새가 위천 강바닥에도 알을 낳았습니다. 처음에 네 개를 낳았다고 하는데 뒤에 하나만 남았다는 이야기를 들었습니다. 거친 환경에 살아가는 생명의 탄생은 이렇게 호락호

봄을 맞아 위천 수원지 수면 위를 뛰듯이 날아가는 논병아리 한 쌍 2020.3.25.

락하지 않습니다. 환경부 멸종위기 야생생물 2급이라 하니 위천의 서식 환경이 걱정스럽게 보입니다.

　할미새 종류는 겨울철 위천에서 자주 볼 수 있습니다. 겨울 철새라 하지만 사시사철 함양상림에서 살아갑니다. 2017년 8월 중순, 동쪽 산책로 곁 꽃밭단지에서 할미새를 봅니다. 2019년 1월 초, 얼음이 얼어있는 연밭에서도 봅니다. 2019년 12월, 얼음이 얼고 있는 위천 수원지에서 검은등할미새 한 마리를 바라봅니다. 검은색 등과 하얀 배가 뚜렷하게 대비됩니다. 특히 가슴에 반달 모양의 검은 무늬가 돋보입니다. 얼음 위에 멀뚱히 서서 물을 바라보기도 하고, 보 위에서 분주하게 움직이기도 합니다. 할미새들은 겨울철에 주로 물가에서 먹이를 구하는 모양입니다..

고목의 다람쥐

— 함양상림 다람쥐 생태 집중 관찰기

가을을 맞은 함양상림의 참나무는 다람쥐가 배를 두드리며 풍요의 노래를 부르게 합니다. 도토리의 계절이 왔습니다. 도토리는 시차를 두고 9월 말에서 10월 초까지 거의 한 달 동안 떨어져 내립니다. 숲을 관찰하기 시작한 첫해인 2016년 10월, 다람쥐가 햇도토리를 까먹는 모습을 지켜보았습니다. 어쩌나 손놀림이 빠른지 모릅니다. 다람쥐는 도토리 껍질 까기 선수입니다. "숲 북쪽의 물레방아 앞에서 아침 식사를 즐기는 다람쥐 한 마리를 본다. 단단한 이빨로 도토리 껍질을 잘도 까먹는다. 지켜보고 있으니 양손으로 껍질을 깐 도토리를 들고 쪼르르 참나무 위로 올라간다."

소어 핸슨이 쓴 『씨앗의 승리』에 보면 설치류의 "이빨은 대략 6천만 년 전 쥐나 다람쥐처럼 생긴 작은 동물에서 진화되었다."라고 합니다. 견과류 열매를 맺는 나무와 먹고 먹히는 생존경쟁을 했을 것입니다. 견과류는 먹히지 않으려고 껍질을 단단하게 감쌌고, 설치류는 이빨을 더욱 예리하게

햇도토리를 까먹고 있는 다람쥐 2016.10.6.

도토리를 볼에 넣고 있는 춘궁기의 다람쥐
2020.3.21.

단련했습니다. 다람쥐는 배고픔을 해결해야 하고 참나무는 씨앗을 보호해
야 하는 막중한 임무가 서로 충돌했지만, 결국엔 서로의 생존에 도움이 되
었습니다. 다람쥐는 먹고 남는 도토리를 숲속 여기저기 묻어놓는데 되찾지
못한 도토리가 오히려 참나무의 번식을 도와주는 꼴이 되니까요.

　　2020년 3월 말, 함양상림 숲속에서 다람쥐 한 마리를 발견했습니다.
눈이 마주쳐 가만히 쳐다보고 있으니 입에 무언가를 볼록하게 물고 나무
위로 쪼르르 달아납니다. 나무 위에서 꺼내 먹는 것을 자세히 보니 도토리
입니다. 좀 더 가까이 다가가니 나무에서 내려와 근처 바위 위에서 또 두 손
으로 도토리를 갉아 먹기 시작합니다. 계속 사진을 찍으며 지켜보니 반쯤

순간적으로 나뭇가지에 몸을
숨기는 다람쥐 2022.3.15.

개서어나무 등걸에 앉은 다람쥐 2021.5.9.

남은 것을 버리고 가버립니다. '3월 말이면 먹을 것이 별로 없는 배고픈 시기일 텐데….' 기분이 상했을까요?

2021년 5월 초, 맑고 쾌청한 오후입니다. 다볕당 곁 커다란 졸참나무 그루터기에 앉아있는 어미 다람쥐를 발견했습니다. 그 아래 구멍이 크게 뻥 뚫려 있습니다. 주변에서 새끼 다람쥐가 노는 것을 지켜보다가 이 다람쥐를 본 것입니다. 그래서 '아, 여기 다람쥐 굴이 있겠구나!' 하고 짐작했습니다. 그 순간 가지를 타고 달려오던 새끼 다람쥐가 나무 구멍으로 쏙 들어가는 것이 아니겠어요? 기쁜 마음을 억누르고 계속 지켜보았습니다. 다람쥐 한 마리가 굴속으로 들어갔다가 고개를 쏙 내미는데 너무나 귀여워서 웃음이 쿡 하고 납니다. 관찰일지를 한 번 보실까요?

"주변에 보니 새끼 다람쥐가 더 있다. 쪼르르 달려오더니 그루터기 구멍으로 쏙 들어간다. 좀 있으니 네 마리가 한꺼번에 나타나 그 위쪽에 딱

다볕당 곁 졸참나무 굴에서 빼꼼 내다보는 다람쥐 2021.5.3.

다구리가 판 듯한 동그란 구멍으로 차례대로 들어간다. 서둘러 굴속으로 들어가는 모습이 귀엽다. 계속 지켜보고 있으니 아래쪽 넓은 그루터기에서 한 마리가 고개를 쏙 내민다. 한 마리가 그 위쪽으로 와서 동시에 쳐다본다. 어린것들은 호기심이 참 많다. 잠시 뒤 위에 있는 동그란 구멍에서 새끼 한 마리가 고개를 쏙 내민다. 오호! 정말 귀여운 순간의 포착이다."

계속 지켜보니 졸참나무 그루터기 구멍 위에서 털이 희끗희끗하고 살이 빠진 녀석이 앞발을 모은 채 입을 닦는 듯한 행동을 한참 동안 하고 있습니다. 혓바닥에 침을 묻혀서 손과 얼굴 주위를 열심히 닦습니다. 처음엔 먹이를 먹는 줄 알았는데 자세히 보니 빈손입니다. 세수하고 수염을 고르

졸참나무 등걸에서 놀고 있는 다람쥐 2020.5.2.

고목의 다람쥐

며 얼굴을 단장하는 행동이라고 합니다. 아마도 네 마리 새끼의 어미인 것 같았습니다.

며칠이 지난 날 오전, 다람쥐 둥지에 나가서 영상 촬영을 했습니다. 졸참나무 앞에 도착하니 다람쥐 한 마리가 튀어나온 그루터기에 앉아 해바라기를 하고 있습니다. 살랑살랑 움직이는 나뭇잎 사이로 따스한 햇볕이 비치지만, 5월답지 않게 쌀쌀한 날씨입니다. 미동도 없이 앉아있는 다람쥐와 눈을 맞추며 계속 바라봅니다. 카메라를 들이대고 조금 있으니 안심이 되는지 퍼질러 앉아 해바라기를 즐깁니다. 집을 지키고 선 노련한 행동으로 봐선 지난번에 세수하던 어미 다람쥐가 아닌가 싶습니다.

다람쥐 굴은 아래쪽 그루터기의 커다란 구멍과 위쪽으로 1m 정도 떨어진 데 동그란 구멍 두 곳입니다. 위쪽의 동그란 구멍은 크기나 형태로 볼 때 딱다구리가 판 것처럼 보입니다. 큰 그루터기 구멍으로 들어간 다람쥐들이 위쪽 동그란 작은 구멍으로 나오는 걸로 봐서는 나무 안쪽이 썩어서 연결된 듯합니다. 이곳은 사람들이 많이 지나다니는 길목이라 천적으로부터 조금 안전할 것도 같습니다. 고양이는 다람쥐를 잡아먹는 것으로 알려져 있습니다. 함양상림에는 한때 다람쥐가 멸종한 적이 있었답니다. 그래서 함양의 지역 원로들이 다람쥐를 사다가 숲에 풀어주었다고 합니다.

촬영하면서 계속 다람쥐를 지켜보았습니다. 조금 있으니 동그란 위쪽 굴에서 새끼 다람쥐들이 나와서 움직이기 시작합니다. 네 마리입니다. 지나가던 사람들이 쳐다보고 환호하며 큰 소리를 내니까 화들짝 놀라 서둘러 굴속으로 들어가 버립니다. 그도 잠시, 빼꼼 고개를 내밀고 나오더니 높은 졸참나무 가지를 타고 올라갑니다. 바람이 점점 거세게 일어납니다.

작은 가지들이 사정없이 흔들리고, 연초록 나뭇잎들이 찢어질 듯 한쪽으로 내몰립니다. 새끼 다람쥐들도 분위기를 감지하고 굴속으로 들어가더니 더는 나오지 않습니다. 이 새끼 다람쥐들이 함양상림에서 잘 살아가기를 바랍니다.

늙은 졸참나무와 딱다구리

— 함양상림 딱다구리 생태 집중 관찰기

　겨울은 함양상림의 숲에서 딱다구리를 관찰하기 아주 좋은 계절입니다. 도심에 있는 평탄한 숲이라 접근성이 좋고, 잎을 모두 떨군 나목의 숲이라 나무를 찍는 소리만으로도 딱다구리를 금방 찾을 수 있으니까요. 딱다구리는 겨울철이 되면 나무 구멍으로 들어간 애벌레를 꺼내 먹으려고 열심히 나무를 두드립니다. 겨울철 식량의 97%를 나무 속에 들어있는 애벌레로 마련한다고 하니 얼마나 열심히 나무를 두들겨야 밥을 먹을 수 있을까요. 다행히 여름철에는 밖에 나와서 활동하는 벌레가 숱하니 애써 나무를 찍지 않아도 됩니다. 2020년 4월 말, 큰오색딱다구리가 애벌레를 물고 있는 것을 봅니다. 봄이 되니 확실히 나무 찍는 소리가 뜸합니다.

　함양상림에는 큰오색딱다구리, 오색딱다구리, 청딱다구리, 쇠딱다구리가 살고 있습니다. 딱다구리는 어떤 종이든 주로 혼자서 식사합니다. 직박구리처럼 여럿이 모여서 축제를 열거나 단체로 먹이 먹는 꼴을 본 적이

큰오색딱다구리 2020. 12. 15.

청딱다구리 2020. 2. 21.

오색딱다구리 2020. 1. 28.

쇠딱다구리 2020. 3. 1.

없습니다. 요즘 같은 코로나 시대에 어울리게 건전하고 독립심이 강한 족속입니다.

그런데 딱다구리의 조상은 맨 처음 어떻게 나무를 찍어서 먹이를 구할 생각을 했을까요? 한겨울에 애벌레를 꺼내 먹겠다고 작정을 했으니 참으로 엉뚱하고 기발한 생각입니다. 맨 처음 누가 그 행동을 보았다면 엉뚱한 짓 그만하라고 타박을 주었을 것 같습니다. 딱다구리의 부리나 뇌 구조가 처음부터 나무를 찍는 데 익숙하지는 않았을 것입니다. 얼마나 많은 시행착오를 거쳐서 지금에 다다랐을까요? 딱다구리는 아무도 가보지 않은

둥지에서 고개를 내미는 오색딱다구리
2021.2.12.

졸참나무를 타고
오르는 큰오색딱다구리
2020.12.15.

애벌레를 물고 있는 큰오색딱다구리
2020.4.23.

험난한 가시밭길을 뚜벅뚜벅 걸어왔습니다. 나무를 찍으면서 진화해 온 딱다구리는 아무도 가보지 않은 새로운 길을 연 개척자가 되었습니다.

그럼 함양상림에서 관찰한 딱다구리들의 생활상을 한번 살펴볼까요? 큰오색딱다구리는 딱다구리 집안의 귀족 같습니다. 몸집이 크고 화려한 깃털을 갖고 있거든요. 5년 정도 생태를 관찰해보니 숲에서 나무를 제일 큰 소리로 자주 두드리는 녀석은 큰오색딱다구리였습니다. 나무 찍는 소리가 들려서 쳐다보면 거의 큰오색딱다구리입니다. 경계심이 덜하고 눈에 제일 많이 띄어서 그런지도 모르겠습니다. 오색딱다구리나 쇠딱다구리는 나무를 그리 많이 두드리지 않는 것 같습니다. 청딱다구리도 별로 다르지 않습니다. 오색딱다구리나 쇠딱다구리는 주로 나무등치나 작은 가지에 매달려 무언가를 쪼아 먹거나 나무등치를 타고 다니며 먹이를 구하는 것 같습니다. 청딱다구리가 썩은 나무등치를 두드리는 것은 가끔 보았습니다.

쇠딱다구리는 작은 몸집으로 재빠르게 움직이며 나무를 두드립니다. 딱다구리 중에서 제일 작고 귀엽지요. 수컷은 역시 정수리에 붉은 반점이 있

먹을 것이 귀한 춘궁기에 사마귀 알집을 먹고 있는 쇠딱다구리 2020.3.13.

생명의 숲 함양상림

지만, 너무 작아서 보기 어렵다고 하는군요. 쇠딱다구리는 워낙 작고 조용히 지내는 터라 숲이 우거지면 잘 보이지도 않습니다. 사진첩을 뒤져 날짜를 살펴보니 거의 잎이 나오기 전 겨울에 찍은 쇠딱다구리 사진들입니다.

2020년 3월 중순 오후에 쇠딱다구리가 조그마한 느티나무 가지에 달라붙어 정신없이 무언가 쪼아먹는 모습을 봅니다. 상림 주차장에서 숲으로 들어가는 길에 있는 피노키오 조형물 근처입니다. 가까이 다가가도 날아갈 생각을 하지 않습니다. 자주 먹을 수 없는 진귀한 먹이 앞에서 주변을 살필 정신조차 잃었나 봅니다. 덕분에 눈앞에서 멋진 사진을 건졌습니다. 나중에 확인해보니 쇠딱다구리가 정신없이 먹던 것은 사마귀 알집이었습니다. 그때는 쇠딱다구리가 무엇을 먹는지는 관심 밖이었습니다. 가까이서 보는 쇠딱다구리에 홀딱 빠져서 촬영에만 신경을 썼기 때문입니다.

2018년 5월 말, 숲에서 닥다그르르하는 소리가 들립니다. 메아리의 반향처럼 저쪽에서도 나무를 두드리는 소리가 들려옵니다. 마치 북 치기 경쟁을 하는 것 같습니다. 그런데 그 주인공을 찾지는 못했습니다. 2020년 1월 중순, 화수정 근처 졸참나무에서 그 소리의 주인공을 처음으로 마주쳤습니다. 큰오색딱다구리입니다.

2020년 2월 초, 큰오색딱다구리가 북을 치는 모습을 생생하게 지켜봅니다. "큰오색딱다구리 한 마리가 꾸준히 나무를 찍고 있다. 중앙숲길 걸어올 때 두어 번 북 치듯 다라라라라 소리를 내던 그 녀석인지 모르겠다. 숲 여기저기에 큰오색딱다구리 여러 마리가 앉아있다. 그중 한 마리가 살아있는 나뭇가지를 두드린다. 썩은 나무를 두드리는 것보다 소리가 훨씬 맑고 크게 들린다. 드디어 북 치는 현장을 목격하는 순간이다."

집에 와서 새 도감을 찾아보니 수컷이 자기 영역(세력권)을 알리기 위해 하는 행동이라고 하는군요. 또 번식기에는 암컷을 유인하는 행동이라고도 합니다. 이 역시 다른 새들한테서는 볼 수 없는 참 특이한 행동입니다. 부리로 나무 속을 파내서 둥지를 짓는가 하면 애벌레도 꺼내 먹을 정도로 고난도 기술을 갖고 있기에 가능한 일입니다. 함양상림의 겨울 숲은 큰오색딱다구리 덕분에 생동감이 넘칩니다. 그런데 큰오색딱다구리만 북 치는 소리를 내는 것은 아닌 것 같습니다. 상림운동장의 다볕당 뒤쪽 갈참나무 고목에서 청딱다구리가 내는 북 치는 소리를 들은 적도 있습니다.

2019년부터 2020년 겨울 사이 상림우물 곁에 있는 커다란 졸참나무가 목숨을 다했습니다. 이 거대한 나무는 자연스럽게 딱다구리를 비롯한 새들의 만찬장이 되었습니다. 동고비 두 마리와 쇠딱다구리도 왔습니다. 나무를 찍는 모습은 보이지 않고, 가지를 타고 다니면서 부지런히 무언가 쪼아 먹습니다. 이들의 먹이는 작은 곤충이나 미생물이 아닌가 싶습니다. 이곳은 사람들이 많이 붐비는 곳입니다. 하지만 새들은 아랑곳하지 않고 먹이활동에 집중합니다. 그만큼 먹을 것이 많다는 것이겠지요. 점점 시간이 지나면서 거대한 졸참나무 가지마다 딱다구리가 파 놓은 속살의 흔적이 허옇게 드러났습니다. 얼마나 많이 두들겼으면 바닥이 안 보일 정도로 부스러기가 쌓였습니다. 그 주인공은 큰오색딱다구리입니다. 거의 매일 와서 찍어대니 그럴 수밖에요.

한번은 커다란 수컷 큰오색딱다구리가 집중해서 아래쪽 나무둥치를 찍고 있는데 거리가 매우 가깝습니다. 덕분에 대놓고 카메라 셔터를 누르는 행운을 누립니다. 두어 달 지나서 이 졸참나무의 가지를 기계톱으로 잘라냈습니다. 사람들이 많이 지나다니는 숲길 가라 보행객의 안전을 위한 일이라 합니다. 나중에는 밑동째 베어냈습니다. 숲길 쪽으로 난 가지만 잘

죽은 졸참나무의 둥치를 찍고 있는 큰오색딱다구리 2019.12.24.

◁ 둥지를 벗어나기 직전 머리를 내미는 큰오색딱다구리 새끼 2021.5.16.
△ 둥지에 먹이를 주러 온 큰오색딱다구리 어미 2021.5.8.
▷ 큰오색딱다구리가 둥지를 틀었던 굴참나무 2021.5.19.

라도 되지 않을까 싶은데요.

　2021년 5월 초, 상림운동장 남쪽 척화비 곁 동고비가 새끼를 키웠던 둥지를 지나치다가 우연히 큰오색딱다구리 둥지를 발견했습니다. 멀뚱하니 키가 큰 굴참나무의 썩은 가지 끝부분입니다. 어미 새가 연신 벌레를 물어 올 때마다 둥지 안에서는 쨱쨱거리는 소리가 들립니다. 짜릿한 순간입니다. 둥지는 아래쪽으로 입구가 뚫려 있어 비바람을 피하기 좋겠습니다. 길쪽에서는 나무둥치에 가려서 보이지 않습니다. 일주일쯤 뒤에 가보니 새끼가 둥지 속에서 계속 고개를 내밀고 있습니다. 어미 새가 날아오기를 기다리며 한참 지켜보다가 왔습니다. 다시 5일쯤 지나 둥지에 가보니 아무런 기척이 없습니다. 새끼들 모두 자신을 키워준 굴참나무 둥지를 떠났습니다. 둥지 아래서 바라보니 굴참나무 신록이 아침 햇살에 싱그럽게 빛나고 있습니다.

　청딱다구리는 큰오색딱다구리보다 조금 큰 것 같습니다. 청딱다구리는 낄낄낄~ 하고 우는데 딱다구리 중에서도 참 특이합니다. 평범한 소리가 아니라서 우는 모습을 한번 확인하고 나서는 그 소리가 청딱다구리 울음

소리라는 것을 확실히 알 수 있었습니다. 청딱다구리가 숲에서 나무를 찍는 장면은 많이 보지 못했습니다. 큰오색딱다구리처럼 드러내놓고 화끈하게 나무를 두들기는 스타일은 아닌 듯싶습니다. 조용조용 움직이는 편이라 눈에도 덜 띄는 것 같고, 경계심도 큰 것 같습니다. 같은 딱다구리라도 청딱다구리의 육아 방식은 좀 다르답니다. 애벌레를 물어다 새끼에게 바로 주는 것이 아니라 어미가 먹고 와서는 토해내서 준다고 합니다. 멧비둘기 어미가 새끼에게 먹이를 주는 것처럼요.

함양상림에서는 큰오색딱다구리를 제일 많이 볼 수 있지만, 청딱다구리도 심심찮게 보입니다. 숲에서 번식하면서 후손을 잘 이어가고 있는 것 같습니다. 2021년 6월 중순 어린 청딱다구리 한 쌍이 먹이활동 하는 것을 지켜보았거든요. 집에 와서 사진을 확대해 들여다보니 털이 부들부들하니 여리고 곱습니다. 숲에서 올해 새로 태어난 새끼로 보입니다. 관찰일지를 살펴볼까요? "습기가 많고 잔뜩 흐린 날이다. 아직 장마는 오지도 않았다. 오후 2시 40분쯤 역사인물공원 안쪽 숲에서 암수 한 쌍의 청딱다구리를 발견했다. 수컷은 둔덕에 심어놓은 상수리나무 등치에 붙어 한참 동안 뭔가를 쪼아먹는다. 암컷은 숲에서 날아와 바로 곁에 있는 아까시나무 뒤에 몸을 숨긴다. 카메라를 들이대고 있는 것이 불안했던지 곧 숲으로 날아가 버린다. 상수리나무 등치를 살펴보니 나무를 타고 오르는 작은 개미를 먹은 거 같다."

2022년 4월 중순, 중앙숲길을 거닐다가 청딱다구리가 둥지를 파는 모습을 발견했습니다. 숲길에서 빤히 쳐다보이는 살아있는 졸참나무입니다. 금방 판 흔적이 나무의 뽀얀 살결에 그대로 드러나 있습니다. 설레는 마음으로 지켜보니 청딱다구리는 옆으로 돌아가 몸을 숨기고 경계합니다.

아까시나무를 타고 오르는 어린
청딱다구리 2021.6.17.

날개를 펄럭이는 어린 청딱다구리
2021.6.17.

살아있는 졸참나무 고목에 새 둥지를
파고 있는 청딱다구리 2022.4.12.

둥지를 버려 입구에 거미줄이 생긴
둥지 2022.6.1.

그도 잠시 다시 둥지 구멍으로 와서 고개를 들이밀고 마무리 작업을 시작합니다. 둥지 위에는 커다란 버섯 하나가 꼭 처마처럼 나와 있습니다. 딱다구리는 이처럼 나뭇가지 따위가 있는 곳 아래에 구멍을 팝니다. 빗물을 막아주기도 하겠지만, 위에서 떨어지는 방해물을 막는 보호장치 역할을 하지 않겠나 싶습니다. 이 둥지를 일주일에 한 번꼴로 지켜보았습니다. 그런데 5월 18일 구멍 속에 솜털이 가득 보입니다. 6월 1일에는 구멍 입구에 거

딱다구리가 파 놓은 죽은 나무둥치 2018.3.28.

미줄이 잔뜩 생겨났습니다. 사람들이 많이 지나다니는 중앙숲길에서 빤히 드러난 곳이라 그런지 다른 어떤 이유인지 이 둥지에서는 새끼가 태어나지 못했습니다.

　　딱다구리는 함양상림의 생태계에 큰 영향을 미치는 중요한 생물종이라는 생각이 듭니다. 딱다구리가 파놓은 구멍은 다른 새 등 동물의 둥지가 됩니다. 애벌레를 찾기 위해 파낸 나무의 부스러기는 바닥에 수북하게 깔립니다. 이는 목질이 분해되어 자연으로 되돌아가는 데 도움을 줍니다. 또 구멍이 숭숭 뚫린 고목의 둥치는 작은 곤충들이 찾아와 먹이를 구하고 잠을 자는 생활공간으로 삼기도 합니다. 숲에 딱다구리들이 살고 있으면 건강한 생태계를 유지하는 데 큰 도움이 되겠지요?

위천과 함양상림의 원앙

— 함양상림 원앙 생태 집중 관찰기

2016년부터 원앙을 집중적으로 관찰해 왔습니다. 함양상림은 원앙을 관찰하기에 아주 좋은 장소입니다. 3월이 오면 벌써 숲속의 개울, 위천 수원지, 연밭에서 쌍쌍이 짝을 짓습니다. 수컷은 화려한 혼인색으로 암컷을 유혹하지만, 알을 낳고 새끼를 돌보는 것은 언제나 암컷입니다. 숲에 햇잎이 돋아나기 시작하는 따스한 날이면 구애의 행위는 더욱 농염해집니다. 그 사랑의 유혹을 슬쩍 훔쳐보았습니다. "2017년 3월 말 12시 무렵. 그 진한 광경을 확인하게 되었다. 세 마리의 수컷이 두 마리의 암컷을 향해 달려든다. 그러더니 각자 먹이활동에 집중한다. 잠시 뒤 또다시 수컷끼리 경쟁이 시작됐다. 암컷이 꼬리를 치켜드는 것과 동시에 고개를 들었다 숙이면서 구애의 소리를 낸다. 짧고 강하게 워워워 하고 내는 소리의 주인공은 수컷으로 보인다. 채 10m가 떨어지지 않는 거리까지 다가가 이 흥미로운 풍경을 지켜보았다. 거리가 너무 가까웠는지 사진을 집중적으로 찍으려니 개울

따뜻한 봄 햇살 아래 짝짓기를 준비하는 한 쌍의 원앙 2017.4.4.

생명의 숲 함양상림

위 안 보이는 곳으로 모두 올라가 버린다. 암컷의 구애 소리는 계속해서 들린다. 또 다른 네 쌍의 원앙이 개울 아래쪽에 보인다."

2018년 3월 말, 위천 변의 마른 초목 사이로 파스텔 톤 초록이 물감처럼 번지고 있습니다. 그 사이로 쉼 없이 흐르는 강물이 어우러져 간절기의 독특한 풍경을 연출합니다. 물가에는 원앙들이 쌍쌍이 앉아있습니다. 잔뜩 깃을 세운 수컷의 자태가 화려한 조각 인형 같습니다.

원앙은 물가에서 살아가는 새이지만 숲으로 가서 둥지를 틉니다. 2020년 3월 중순, 사운정 건너 커다란 졸참나무의 가지에 원앙이 쌍으로 앉아있는 것을 봅니다. 2018년 4월 중순에도 숲속 고목 위에 쌍쌍이 앉아있는 원앙을 본 적이 있습니다. 새끼 키울 둥지를 알아보는 중인지 모르겠지만, 봄 한 철 원앙은 함양상림의 숲속에 둥지를 트는 것이 분명합니다.

2018년 5월 중순, 위천에 수컷 원앙 여섯 마리가 모여있습니다. 저들끼리 장난도 치면서 몰려다닙니다. 자세히 살펴보니 암컷이 한 마리 섞여있습니다. 아직 짝을 만나지 못한 수컷들이 암컷의 꽁무니를 쫓아다니는 것 같습니다. 이때 암수 한 쌍이 따로 다니더니 갑자기 숲으로 훌쩍 날아갑니다. 서로 마음이 통하는 짝을 만난 것일까요? 서둘러 신방을 차린다면 아직 가족을 꾸릴 가능성은 있어 보입니다. 2016년 6월 초에도 연밭에서 오붓한 시간을 보내는 원앙 한 쌍을 봅니다. 6월인데도 아직 짝짓기 시기는 끝나지 않았나 봅니다.

함양상림에는 졸참나무를 비롯하여 여러 수종의 고목이 많습니다. 원앙은 졸참나무나 개서어나무 같은 고목의 구멍에 알을 낳고 번식합니다. 새끼가 알에서 깨어나면 어미를 따라 연밭으로 나와 여름 한 철을 납니다. 동쪽 산책로를 걷다 보면 숲 중간쯤에 함양상림에서 제일 큰 나무들이 모

나뭇가지에 쌍쌍이 앉아있는 원앙
2020.3.17.

짝을 고르기 위해 숲속 개울에 몰려든 원앙들
2017.3.30.

여있는 장소가 있습니다. 여기에 오래된 감나무 한 그루가 버티고 서 있습니다. 곳곳에 딱다구리가 판 것 같은 구멍이 있고, 굵은 가지가 잘린 그루터기도 하나 있습니다. 이 감나무에 뭔가 있을 거 같아 지나다니면서 계속 지켜봤습니다. 몇 해 전에 원앙 한 쌍이 이 감나무 그루터기에 앉아있는 것을 본 적도 있으니까요. 그러다 2021년 5월 초 오후 2~3시 사이에 드디어 원앙이 고개를 내미는 생생한 현장을 마주하게 되었습니다. 한번 보실까요? "커다란 그루터기 구멍 위에 뭔가 둥그렇고 흰 게 비치는 것을 발견했다. 이파리 사이로 자세히 쳐다보니 암컷 원앙이 구멍에서 고개를 내밀고 있다. 세상에나! 한참 사진을 찍으며 쳐다보고 있어도 경계할 뿐 떠날 생각은 없어 보인다. 북쪽 숲을 한 바퀴 돌아오니 자리를 뜨고 없다."

2022년 5월 초에도 이 감나무 주변에 암컷 원앙이 날아오는 것을 보았습니다. 하지만 무척 경계하면서 다른 곳으로 눈길을 유인합니다. 근처에 있는 늙은 이팝나무 구멍에 들어갔다가 안 보는 사이 살짝 빠져나왔습니다. 이 모습을 동영상으로 찍었습니다. 하지만 둥지로 들어가는 모습을 보지는 못했습니다. 번식기 원앙이 둥지에 알을 낳으러 들어가는 것을 포착하

감나무 잘린 그루터기에 앉아있는 원앙 한 쌍
2018.4.11.

감나무 잘린 그루터기 구멍에 앉아 고개를 내밀고 있는
암컷 원앙 2021.5.3.

둥지를 속이려고 엉뚱한 구멍에 들어가는 원앙 2022.5.3.

원앙이 둥지를 틀었던 개서어나무
구멍 2022.5.26.

기란 참 어렵다고 합니다. 알을 품는 원앙의 출입을 관찰하려면 밤낮으로
지키고 앉아있어야 한답니다. 김성호 교수의『나의 생명 수업』이라는 책에
보면 암컷 원앙이 알을 품는 동안 이른 아침과 늦은 저녁, 하루에 딱 두 번
만 먹이활동을 다녀오는 것을 관찰했다고 합니다. 나머지 시간은 오직 알
품기에만 전념했답니다. 원앙은 번식기에 조심성이 매우 큰 것 같습니다.

원앙은 알에서 태어나자마자 다음 날 바로 둥지를 박차고 뛰어내린다고 합니다. 몸을 추스를 여유조차 없습니다. 빨리 둥지를 벗어나 물가로 가야만 먹이를 구하고 천적으로부터 살아남을 수 있다고 하는군요. EBS 다큐멘터리 〈이것이 야생이다〉를 보면서 높은 나무 둥지에서 뛰어내리는 새끼 원앙의 모습에 너무 놀랐습니다. 생명으로 살아남는 방법이 결코 만만치 않습니다.

함양상림에는 숲속 개울도 지척에 있고, 얼마 전에는 연밭도 있었습니다. 어미를 따라 무사히 물가에 다다른 원앙은 다른 새들처럼 어미에게 먹이를 받아먹을 필요가 없습니다. 물풀이나 풀씨를 혼자서 먹을 수 있기 때문입니다. 또한 태어날 때부터 잘 발달한 물갈퀴를 갖고 있어 물 위를 헤엄치는 데 아무런 문제가 없기 때문입니다. 그래서 원앙은 새 중에서도 독립된 먹이활동이 상당히 빠른 편입니다.

알을 품고 새끼를 키울 동안 수컷 원앙이 둥지를 지키지 않는 이유를 생각해보았습니다. 새끼 원앙은 알에서 깨어나자마자 바로 물로 가서 먹이를 먹을 수 있으니 다른 새들처럼 부모가 교대로 먹이를 나를 필요가 없습니다. 수컷이 바람둥이로 살아도 번식에 아무런 문제가 없는 것이지요.

원앙은 식욕이 너무너무 왕성한 잡식성 조류입니다. 그동안 관찰을 해보니 물풀, 풀씨, 도토리, 곤충, 지렁이, 개구리를 가리지 않고 먹어 치웁니다. 원앙이 한창 생장하는 시기에는 온종일 먹고 장난치고 쉬는 것이 일과의 전부입니다. 연밭에는 물풀을 비롯해 수서곤충 등의 먹이가 많습니다. 원앙은 개구리밥 같은 물풀을 잘 걷어 먹습니다. 물달개비, 부레옥잠 잎도 곧잘 뜯어 먹습니다. 연잎 줄기에 붙은 벌레들을 쪼아먹기도 합니다. 땅 위로 드러난 연뿌리도 즐겨 먹습니다. 둑으로 올라와서는 바랭이, 둑새풀 등의 풀씨를 훑어 먹고요. 산책로에 나와서는 미색 꽃잎처럼 땅바닥에

어미와 함께 지내는 어린 원앙
2016.7.12.

연못에서 수초를 먹는 어린 원앙
2016.7.23.

어미 따라 연못에 나온 어린 원앙들
2016.7.8.

연밭공원 돌 틈에서 쉬고 있는 어린
원앙들 2016.8.15.

물가에서 먹이를 찾는 젊은 원앙들
2016.8.4.

내려앉아 있는 갈색날개매미충도 잡아먹습니다.

솟구치는 힘을 주체하지 못하는 젊은 원앙 한 마리가 수면 위로 나르는 잠자리를 잡으려 몸을 한껏 낮추고 달려가는 것을 봅니다. 그 젊은 혈기에 빙그레 웃음이 나기도 합니다. 한번은 원앙이 풋도토리를 주워 먹는 것을 지켜보는데 그 모습이 무척이나 인상적이었습니다. 그때의 관찰일지입니다. "2019년 8월 말, 원앙 3마리가 동쪽 산책로 아래에서 일찍 떨어진 졸참나무 풋도토리를 주워 먹고 있다. 둥글고 매끄러운 껍질 때문에 한 번에 넘기지 못해 부리를 바이브레이션처럼 빠르게 떨다가 도토리를 떨어뜨리기도 한다."

2019년 6월 중순, 화수정 바로 앞 연밭 둑에서 원앙 가족을 만났습니다. 눈 아래로 바라볼 만큼 가까이 다가섰습니다. 귀여운 새끼들이 13마리

연밭에서 더위를 피하고 있는 원앙 2017.8.10.

생명의 숲 함양상림

나 됩니다. 씨앗이 여문 둑새풀을 걷어 먹기도 하고, 납작 엎드린 채 쉬기도 합니다. 어미는 곁에서 잔뜩 웅크린 채 경계를 서고 있습니다. 조금 뒤 9마리는 몸을 한번 쭉 뻗은 뒤 어미를 따라가고, 네 마리는 뒤처져 남았습니다. 납작 엎드려 퍼질러 있는 모습이 꼭 아픈 것처럼 보입니다. 한창 클 때라 그런지 털도 삐죽하게 빠지고 말라 보입니다. 바로 위에서 사진을 찍고 지나치다가 되돌아보니 다급하게 삑삑삑삑 소리를 내며 어미를 따라갑니다. 거짓 행동을 하고 있었던 것이지요. 혹시 아픈 것처럼 보이는 것이 위험을 느꼈을 때 보이는 의사 행동 같은 건지 모르겠습니다. 이 가족이 잠시 뒤에 산책로로 나오다 숲 안쪽에서 빗물을 맡고 나온 지렁이를 발견했습니다. 새끼들이 경쟁적으로 달려가 주워 먹기에 바쁩니다. 어미는 경계 라인 기둥 위에 올라서서 그 모습을 지켜볼 뿐입니다. 어미라고 어찌 그 귀한 먹이를 먹고 싶지 않을까요? 자식을 챙기는 어미의 마음은 우리네 인간과 별 차이가 없어 보입니다. 유전자에 각인된 모성은 생명의 공통분모 같습니다.

2016년 8월 말에는 무척이나 놀라운 원앙의 먹이활동을 지켜보게 되었습니다. 수컷 원앙 한 마리가 숲속 개울에서 개구리를 잡아먹는 것입니다. 너무 커서 힘에 부치는 듯 일단 도망가지 못하도록 물고는 꽤 오랜 시간을 끌더니 꿀꺽 삼킵니다. 이 모습을 영상으로 담으면서 흥분했던 기억이 생생합니다. 한참 뒤에 찾아본 KBS 〈환경스페셜에〉에서도 원앙이 커다란 개구리를 잡아먹는 모습을 발견할 수 있었습니다.

살아있는 커다란 먹이를 통째로 소화할 수 있는 능력은 참 대단해 보입니다. 물새들은 주로 잡은 먹이를 단번에 꿀꺽 삼키는 습성을 지녔습니다. 잡은 먹이를 빼앗기지 않고 확실하게 차지하기 위한 본능이 아닐까 싶습니다. 야생은 한 치의 틈도 한가한 식도락의 여유도 허락하지 않습니다.

지렁이를 먹고 있는 어린 원앙 2019.6.11.　　　　개구리를 잡아먹는 원앙 2016.8.24.

위천 수원지에서 목욕하는 원앙　　　목욕을 끝내고 쉬는 원앙　　　숲속 물도랑에서 목욕하는 원앙들
2021.5.21.　　　　　　　　　　2021.5.21.　　　　　　　　　2021.7.10.

하지만 물수리나 참매 같은 맹금류는 잡은 먹이를 나무 위나 둥지로 가져가 여유롭고 편하게 식사를 즐깁니다. 인간은 더욱 화려하고 세련된 만찬을 즐깁니다. 세상에는 강한 상대의 눈치를 보아야 하는 무언의 질서가 존재합니다. 우리의 조직 사회나 국제 질서도 크게 다르지 않을 겁니다.

원앙이 목욕하는 모습은 이른 봄부터 가을까지 계속 볼 수 있습니다. 계절에 따라 원앙이 목욕하는 풍경도 다양하게 나타납니다. 추운 날보다는 따뜻한 날에 목욕을 즐겨 하지 않겠나 하는 생각이 듭니다. 2017년 4월 초, 햇볕이 따스한 날 오후 3시경 빈 연밭에 원앙들이 여러 쌍 모여있습니다. 암수 모두 빠르게 물속으로 몸을 담그는 행동을 합니다. 머리를 물속으로 처박으며 날갯짓하다가 고개를 번쩍 들어 몸을 높이 세우고 날개를 푸드덕푸드덕해서 물을 털어냅니다.

2021년 7월 중순 장마가 지나고 땡볕이 나왔습니다. 숲속 개울에서 암컷 원앙 두 마리가 물을 흠뻑 뒤집어쓰면서 목욕하는 모습을 봅니다. 날 갯짓이 요란하니 물보라도 크게 일어납니다. 무척 더운가 봅니다. 2016년 10월 중순 가을 한낮의 숲속 개울에 수십 마리 원앙이 모여 퍼덕이며 물장 구를 치고 있습니다. 인적이 약간 뜸한 곳입니다. 집단 목욕인지 놀이의 습 성인지 알 수는 없습니다.

2016년 8월 중순에는 새끼 원앙들이 물 위에서 우사인 볼트처럼 달리 는 모습을 처음으로 봅니다. 몸을 뒤틀면서 물속으로 머리를 처박았다가 돌아 나오면서 펄쩍 뛰는데 배가 하얗게 뒤집어집니다. 무더운 열기를 식히 는 물장난 같습니다. 솟구치는 열정을 주체하지 못하는 어린 원앙들입니다.

2019년 5월 말 함양상림 북쪽 물레방아 앞 연밭에서 이런 물장난을 또 보았습니다. 새끼 원앙 10마리가 한바탕 요란을 떨더니 어미를 따라 연 밭 둑으로 올라옵니다. 한껏 고개를 뒤틀고 가로저으면서 깃털을 고르기 시작합니다. 그것도 잠시, 저들끼리 다닥다닥 모여 앉더니 연방 눈을 끔뻑 거리며 새우잠을 잡니다. 어미도 곁에서 눈을 껌뻑이며 우두커니 쉬고 있습 니다. 바로 곁에서 지켜보며 사진을 찍어도 크게 신경 쓰지 않습니다. 하지 만 새끼를 키우는 어미는 졸면서도 늘 주위를 경계하기는 합니다. 이처럼 새끼를 키울 때 함양상림의 원앙 가족은 산책객들을 두려워하지 않습니다.

8월에 들어서면 수컷 원앙은 화려한 탈바꿈을 시작합니다. 9월 중순 이 되면 완전히 옷을 갈아입습니다. 2019년 8월 초, 원앙 3마리가 연밭공 원 돌다리 위에 서 있습니다. 살펴보니 수컷 원앙은 부리가 옅은 자줏빛이 나고 뒷머리 깃이 자라나기 시작합니다. 날개 쪽의 색도 조금 붉은빛이 돕

둑으로 나와 쉬는 암컷 원앙
2020. 8. 13.

화려한 혼인색이 나오기 시작하는
수컷 원앙 2019. 8. 5.

따스한 봄날 위천의 화려한
수컷 원앙 2020. 3. 19.

니다. 가을이 되면 훌쩍 자란 원앙들은 가족의 품을 떠나 독립합니다. 쌍을 짓거나 서너 마리씩 연밭 위를 깍깍거리며 날아다니기도 합니다. 지척에서 마주 볼 수 있을 만큼 친근하던 원앙은 이제 눈빛이 달라집니다. 새끼를 다 키우고 나니 다시 야생의 모습으로 돌아갑니다. 연밭에서 모습을 감추며 거리를 두고 경계심이 강해집니다. 함양상림의 원앙은 새끼를 키울 때 극도로 예민해지는 야생동물과 반대의 행동 패턴을 보여줍니다.

2016년 9월 말, 비 오는 천년교 보 아래에 원앙들이 떼로 모여있는 것을 처음으로 봅니다. 수컷 원앙의 깃털은 이미 변해 있습니다. 대략 세어보니 100여 마리, 무척이나 놀라운 풍경입니다. 그해 10월 중순에도 천년교 근처에서 큰 무리를 보았습니다. 이때쯤 숲속 개울에도 모여있었습니다. 11월 중순 위천에 50여 마리가 다시 찾아왔습니다. 2017년 10월 말에도 천년교 위쪽 수원지에 원앙이 떼로 모여있는 것을 볼 수 있었습니다. 그 뒤로는 가을에 무리를 이루어 위천에 찾아오는 원앙을 보지 못했습니다.

겨울이 오면 함양상림에 원앙은 뜸해집니다. 가끔은 떼로 몰려와 한적한 역사인물공원 곁에 있는 상수원 연못에서 볕바라기를 하기도 합니다. 오후 볕이 따스하게 드는 축대 아래 옹기종기 모여서 언 몸을 녹이는 것이

가을날 위천 수원지 위를 날고 있는 원앙들 2016.10.17.

지요. 흰뺨검둥오리, 청둥오리, 논병아리도 찾아와 얼음 위나 물속을 헤엄쳐 다니기도 합니다. 이 상수원 연못은 울타리로 막혀있어 물새들이 방해받지 않고 쉬기에 좋은 장소입니다. 1월 말에서 2월 초 즈음 날씨가 풀리면 위천에 원앙이 떼로 몰려올 때도 있습니다. 봄부터 가을까지 위천이나 숲속 개울에 작은 무리로 옮겨 다니기도 합니다. 그러니까 원앙은 함양상림에서 텃새처럼 살아간다고 볼 수 있습니다.

함양상림은 원앙이 알을 낳고 새끼를 키우기에 참 좋은 자연환경입니다. 숲속의 한적한 개울, 참나무를 비롯한 고목의 숲, 그리고 위천의 자연환경이 탁월한 연결고리를 갖고 있으니까요. 10여 년 전 함양상림 안쪽 들판에 예전부터 있던 논을 연밭으로 만들었습니다. 이 연밭은 새끼를 키우는 원앙에게 요람 같은 곳입니다. 충분한 먹이가 있고, 둥지에 알을 낳을 수도 있고, 연밭 그늘에서 편하게 쉴 수도 있습니다. 그래서 봄철이면 쌍쌍이 몰려다니며 짝짓기에 열중하는 모습을 볼 수 있고, 여름 한 철이면 귀여운 원앙 가족도 쉽게 만날 수 있습니다.

하지만 2020년 3월 중순부터 연밭을 메우고 경관 작물을 심으면서 분위기는 바뀌었습니다. 여름 한 철 원앙이 새끼를 키우며 지척에서 방문객들과 눈맞춤을 하던 요람이 크게 줄었습니다. 그해 6월 말 연밭이 변해서 생긴 메밀밭에 원앙 두 마리가 우두커니 앉아 있는 것을 봅니다. 바라보는 서로가 낯선 풍경입니다. 다행히도 2022년 5월 말, 새끼를 키우는 원앙 가족이 북쪽 연밭에서 보입니다. 연밭 관리인에게 들으니 두 가족이라고 합니다. 원앙이 여전히 번식은 하고 있지만, 예전만큼 좋은 환경은 아닙니다. 원앙은 천연기념물 제327호로 귀한 대접을 받는 새입니다. 원앙 가족이 함양상림에서 잘 살아갈 수 있도록 우리가 좀 더 관심을 가져야 하지 않을까요?

가을날 위천에 모여든 원앙들 2016. 10. 27.

봄을 기다리며 눈 내리는 위천에 모여든 원앙들 2020. 2. 16.

봄을 맞은 위천에 쌍쌍이 떼로 모여든 원앙들 2020. 3. 23.

이호신 작. 함양 상림, 166×259cm, 한지에 수묵채색, 2011년

咸陽上林

辛卯夏 玄石

감사의 말

생태 사진을 촬영하고 동정(同定)하면서 도감으로는 구분하는 데 어려움이 많았습니다. 이러한 애로사항을 말끔하게 정리하도록 도와주신 분들께 마음 깊이 감사를 드립니다.

권영한 교수님은 함양이 고향으로 함양상림에 커다란 애정을 가지고 자문에 응해주셨으며, 식물 전반에 관해 감수해주셨습니다.

박종길 박사님은 따뜻한 마음으로 세심하게 조류 동정과 내용 감수에 큰 도움을 주셨습니다. 덕분에 새들의 이름과 생태·환경에 관해 신뢰도를 높일 수 있었습니다.

석순자 교수님은 까다로운 버섯종을 일일이 동정해 주시고 관련 내용 글도 보충해 주셨습니다. 버섯 사진을 보시고 함양상림의 생태 환경과 자생 버섯에 큰 관심을 보내주셨습니다. 본문에는 버섯 사진을 다 싣지 못했지만, 덕분에 부록에 버섯 목록을 실을 수 있었습니다.

식물　권영한

　신구대학교 교수

　신구대학교 식물원 원장

　前 국립수목원 DMZ자생식물원 원장

　주요 저서『DMZ 양구의 자원식물도감』외 다수

조류　박종길

　국립공원공단 보전정책부장

　전남대학교 대학원 생물학과 박사

　주요 저서『야생조류 필드가이드』외 다수

버섯　석순자

　단국대학교 초빙교수

　前 농촌진흥청 농업미생물과 버섯담당

　주요 저서『야생버섯도감』외 다수

그 외 도움 주신 분들

함양상림 역사문화 관련 도서 **홍동초 사진작가**

그림 제공　**이호신 화가** – 함양상림 전경

사진 제공　**함양군청** – 함양상림 전경 사진

　　　　　홍동초 – 함양상림 띠숲

　　　　　최상두 – 흰목물떼새(조류)

　　　　　김영기 – 달래(초본식물)

숲속의 풀꽃 (76종)

가는장구채 *Silene seoulensis* 석죽과 한해살이풀

가락지나물 *Potentilla anemonifolia* 장미과 여러해살이풀

개도둑놈의갈고리 *Desmodium podocarpum* 콩과 여러해살이풀

개맥문동 *Liriope spicata* 백합과 늘푸른여러해살이풀

개모시풀 *Boehmeria platanifolia* 쐐기풀과 여러해살이풀

개별꽃 *Pseudostellaria heterophylla* 석죽과 여러해살이풀

거지덩굴 *Cayratia japonica* 포도과 여러해살이덩굴풀

계요등 *Paederia foetida* 꼭두서닛과 여러해살이덩굴풀

고들빼기 *Crepidiastrum sonchifolium* 국화과 해넘이한해살이풀

고사리삼 *Sceptridium ternatum* 고사리삼과 여러해살이 양치식물

광대수염 *Lamium album var. barbatum* 꿀풀과 여러해살이풀

긴사상자 *Osmorhiza aristata* 산형과 여러해살이풀

꼭두서니 *Rubia akane* 꼭두서닛과 여러해살이덩굴풀

꽃다지 *Draba nemorosa* 십자화과 해넘이한해살이풀

꽃마리 *Trigonotis peduncularis* 지칫과 한해살이풀

꿩의바람꽃 *Anemone raddeana* 미나리아재빗과 여러해살이풀

꿩의밥 *Luzula capitata* 꿀풀과 여러해살이풀

나도물통이 *Nanocnide japonica* 쐐기풀과 여러해살이풀

나비나물 *Vicia unijuga* 콩과 여러해살이풀

노루발풀 *Pyrola japonica* 노루발과 여러해살이늘푸른풀

달래 *Allium monanthum* 백합과 여러해살이알뿌리풀

닭의장풀 *Commelina communis* 닭의장풀과 한해살이들풀

담배풀 *Carpesium abrotanoides* 국화과 두해살이풀

댕댕이덩굴 *Cocculus orbiculatus* 방기과 여러해살이덩굴풀

도둑놈의갈고리 *Desmodium podocarpum var. oxyphyllum* 콩과 여러해살이풀

들현호색 *Corydalis ternata* 현호색과 여러해살이풀

무릇 *Scilla sinensis* 백합과 여러해살이알뿌리풀

물봉선 *Impatiens textori* 물봉선과 한해살이물가장자리풀

미나리냉이 *Cardamine leucantha* 십자화과 여러해살이풀

박주가리 *Metaplexis japonica* 박주가릿과 여러해살이덩굴풀

반하 *Pinellia ternata* 천남성과 여러해살이풀

배풍등 *Solanum lyratum* 가짓과 여러해살이덩굴나무풀

뱀딸기 *Duchesnea chrysantha* 장미과 여러해살이풀

벌깨덩굴 *Meehania urticifolia* 꿀풀과 여러해살이풀

사위질빵 *Clematis apiifolia* 미나리아재빗과 여러해살이덩굴나무풀

산국 *Dendranthema boreale* 국화과 여러해살이풀

산달래 *Allium macrostemon* 백합과 여러해살이풀

산자고 *Tulipa edulis* 백합과 여러해살이알뿌리풀

새모래덩굴 *Menispermum dauricum* 방기과 여러해살이덩굴풀

선밀나물 *Smilax nipponica* 백합과 여러해살이풀

쇠무릎 *Achyranthes japonica* 비름과 여러해살이풀

쑥부쟁이 *Aster yomena* 국화과 여러해살이풀

애기나리 *Disporum smilacinum* 백합과 여러해살이풀

애기똥풀 *Chelidonium majus var. asiaticum* 양귀비과 해넘이 한해살이풀

양지사초 *Carex nervata* 사초과 여러해살이풀

연복초 *Adoxa moschatellina* 연복초과 여러해살이풀

염주괴불주머니 *Corydalis heterocarpa* 현호색과 두해살이풀

왕고들빼기 *Lactuca indica var. laciniata* 국화과 해넘이한해살이들풀

왜제비꽃 *Viola japonica* 제비꽃과 여러해살이풀

이삭여뀌 *Persicaria filiformis* 마디풀과 여러해살이풀

인동덩굴 *Lonicera japonica* 인동과 여러해살이덩굴나무풀

은대난초 *Cephalanthera longibracteata* 난초과 여러해살이풀

장구채 *Silene firma* 석죽과 두해살이풀

장대여뀌 *Persicaria posumbu var. laxiflora* 마디풀과 한해살이풀

졸방제비꽃 *Viola acuminata* 제비꽃과 여러해살이풀

좀깨잎나무 *Boehmeria spicata* 쐐기풀과 여러해살이나무풀

주름조개풀 *Oplismenus undulatifolius* 볏과 여러해살이풀

쥐꼬리망초 *Justicia procumbens* 쥐꼬리망촛과 한해살이풀

질경이 *Plantago asiatica* 질경잇과 여러해살이풀

짚신나물 *Agrimonia pilosa* 장미과 여러해살이풀

참나리 *Lilium lancifolium* 백합과 여러해살이비늘줄기풀

참마 *Dioscorea japonica* 마과 여러해살이덩굴풀

청가시덩굴 *Smilax sieboldii* 백합과 여러해살이덩굴나무풀

춘란 *Cymbidium goeringii* 난초과 늘푸른여려해살이풀

콩제비꽃 *Viola verecunda* 제비꽃과 여러해살이풀

큰꽃으아리 *Clematis patens* 미나리아재빗과 여러해살이덩굴나무풀

큰도둑놈의갈고리 *Desmodium oldhami* 콩과 여러해살이풀

큰애기나리 *Disporum viridescens* 백합과 여러해살이풀

털이슬 *Circaea mollis* 바늘꽃과 여러해살이풀

파리풀 *Phryma leptostachya var. asiatica* 파리풀과 여러해살이풀

풀솜대 *Smilacina japonica* 백합과 여러해살이풀

하늘말나리 *Lilium tsingtauense* 백합과 여러해살이풀

하늘타리 *Trichosanthes kirilowii* 박과 여러해살이덩굴풀

현호색 *Corydalis remota* 현호색과 여러해살이풀

홀아비꽃대 *Chloranthus japonicus* 홀아비꽃댓과 여러해살이풀

흰젖제비꽃 *Viola lactiflora* 제비꽃과 여러해살이풀

심은 풀꽃 (15종)

꽃무릇 *Lycoris radita* 수선화과 여러해살이풀

금낭화 *Dicentra spectabilis* 현호색과 여러해살이풀

꽃창포 *Iris ensata var. spontanea* 붓꽃과 여러해살이물가장자리풀

맥문동 *Liriope platyphylla* 백합과 여러해살이풀

벌개미취 *Aster koraiensis* 국화과 여러해살이풀

붉노랑상사화 *Lycoris flavescens* 수선화과 여러해살이풀

붓꽃 *Iris nertschinskia* 붓꽃과 여러해살이풀

상사화 *Lycoris squamigera* 수선화과 여러해살이풀

섬초롱꽃 *Campanula takesimana* 초롱꽃과 여러해살이풀

약모밀 *Houttuynia cordata* 삼백초과 여러해살이 약용작물

왕원추리 *Hemerocallis fulva f. kwanso* 백합과 여러해살이화초

자운영 *Astragalus sinicus* 콩과 해넘이 한해살이 사료작물

작약 *Paeonia lactiflora* 작약과 여러해살이 약용작물

진노랑상사화 *Lycoris chinensis var. sinuolata* 수선화과 여러해살이풀

참나물 *Pimpinella brachycarpa* 산형과 여러해살이 식용작물

숲속의 나무 (63종)

가막살나무 *Viburnum dilatatum* 인동과 갈잎작은나무

갈참나무 *Quercus aliena* 참나뭇과 갈잎큰나무

감태나무 *Lindera glauca* 녹나뭇과 갈잎중간나무

개암나무 *Corylus heterophylla* 자작나뭇과 갈잎중간나무

개서어나무 *Carpinus tschonoskii* 자작나뭇과 갈잎큰나무

개옻나무 *Rhus tricocarpa* 옻나뭇과 갈잎작은나무

겨우살이 *Viscum album var. coloratum* 겨우살이과 늘푸른더부살이나무

고로쇠나무 *Acer pictum subsp. mono* 단풍나뭇과 갈잎큰나무

고추나무 *Staphylea bumalda* 고추나뭇과 갈잎작은나무

광대싸리 *Securinega suffruticosa* 대극과 갈잎작은나무

국수나무 *Stephanandra incisa* 장미과 갈잎작은나무

굴참나무 *Quercus variabilis* 참나뭇과 갈잎큰나무

길마가지나무 *Lonicera harai* 인동과 갈잎작은나무

까마귀밥나무 *Ribes fasciculatum var. chinense* 범의귀과 갈잎작은나무

까치박달 *Carpinus cordata* 자작나뭇과 갈잎중간나무

나도밤나무 *Meliosma myriantha* 나도밤나뭇과 갈잎중간나무

노린재나무 *Synplocos chinensis for. Pilosa* 노린재나뭇과 갈잎작은나무

노박덩굴 *Celastrus orbiculatus* 노박덩굴과 갈잎덩굴나무

느릅나무 *Ulmus davidiana Planch. var. japonica* 느릅나뭇과 갈잎중간나무

느티나무 *Zelkova serrata* 느릅나뭇과 갈잎큰나무

다릅나무 *Maackia amurensis* 콩과 갈잎큰나무

당단풍나무 *Acer pseudosieboldianum* 단풍나뭇과 갈잎중간나무

대팻집나무 *Ilex macropoda* 감탕나뭇과 갈잎중간나무

때죽나무 *Styrax japonica* 때죽나뭇과 갈잎중간나무

말채나무 *Cornus walteri* 층층나뭇과 갈잎큰나무

물푸레나무 *Fraxinus rhynchophylla* 물푸레나뭇과 갈잎큰나무

물참대 *Deutzia glabrata* 범의귀과 갈잎작은나무

밤나무 *Castanea crenata* 참나뭇과 갈잎큰나무

병꽃나무 *Weigela subsessilis* 인동과 갈잎작은나무

보리수나무 *Elaeagnus umbellata* 보리수나뭇과 갈잎작은나무

복사나무 *Prunus persica* 장미과 갈잎중간나무

복자기나무 *Acer triflorum* 단풍나뭇과 갈잎중간나무

붉나무 *Rhus javanica* 옻나뭇과 갈잎중간나무

뽕나무 *Morus alba* 뽕나뭇과 갈잎중간나무

사람주나무 *Sapium japonicum* 대극과 갈잎중간나무

산벚나무 *Prunus sargentii Rehder* 장미과 갈잎큰나무

산초나무 *Zanthoxylum schinifolium* 운향과 갈잎중간나무

상수리나무 *Quercus acutissima* 참나뭇과 갈잎큰나무

생강나무 *Lindera obtusiloba* 녹나뭇과 갈잎작은나무

싸리나무 *Lespedeza bicolor* 콩과 갈잎작은나무

신나무 *Acer tataricum subsp. ginnala* 단풍나뭇과 갈잎작은나무

아그배나무 *Malus sieboldii* 장미과 갈잎중간나무

오갈피나무 *Acanthopanax sessiliflorus* 두릅나뭇과 갈잎작은나무

왕버들 *Salix chaenomeloides* 버드나뭇과 갈잎큰나무

윤노리나무 *Pourthiaea villosa* 장미과 갈잎중간나무

으름덩굴 *Akebia quinata* 으름덩굴과 늘푸른덩굴나무

이팝나무 *Chionanthus retusus* 물푸레나뭇과 갈잎큰나무

자귀나무 *Albizzia julibrissin* 콩과 갈잎큰나무

작살나무 *Callicarpa japonica* 마편초과 갈잎작은나무

조록싸리 *Lespedeza maximowiczii* 콩과 갈잎작은나무

조릿대 *Sasa borealis* 볏과 늘푸른작은나무

족제비싸리 *Amorpha fruticosa* 콩과 갈잎작은나무

졸참나무 *Quercus serrata* 참나뭇과 갈잎큰나무

줄사철나무 *Euonymus fortunei var. radicans* 노박덩굴과 늘푸른덩굴줄기나무

쥐똥나무 *Ligustrum obtusifolium* 물푸레나뭇과 갈잎작은나무

쪽동백나무 *Styrax obassia* 때죽나뭇과 갈잎중간나무

찔레꽃 *Rosa multiflora* 장미과 갈잎작은나무

참느릅나무 *Ulmus parvifolia* 느릅나뭇과 갈잎중간나무

참빗살나무 *Euonymus hamiltonianus* 노박덩굴과 갈잎중간나무

층층나무 *Cornus controversa* 층층나뭇과 갈잎큰나무

탱자나무 *Poncirus trifoliata* 운향과 늘푸른 작은나무

팽나무 *Celtis sinensis* 느릅나뭇과 갈잎큰나무

회잎나무 *Euonymus alatus f. ciliatodentatus* 노박덩굴과 작은나무

심은 나무 (32종)

가죽나무 *Ailanthus altissima* 소태나뭇과 갈잎중간나무

고욤나무 *Diospyros lotus* 감나뭇과 갈잎중간나무

구지뽕나무 *Cudrania tricuspidata* 뽕나뭇과 갈잎중간나무

귀룽나무 *Prunus padus* 장미과 갈잎큰나무

개나리 *Forsythia koreana* 물푸레나뭇과 갈잎작은나무

개오동 *Catalpa ovata* 능소화과 갈잎중간나무

광나무 *Ligustrum lucidum* 물푸레나뭇과 늘푸른작은나무

꽃사과 *Malus prunifolia* 장미과 갈잎작은나무

남천 *Nandina domestica* 매자나뭇과 반늘푸른작은나무

네군도단풍 *Acer negundo* 단풍나뭇과 갈잎중간나무

단풍나무 *Acer palmatum* 단풍나뭇과 갈잎중간나무

두충 *Eucommia ulmoides Oliver* 두충나뭇과 갈잎중간나무

매화 *Prunus mume* 장미과 갈잎중간나무

명자나무 *Chaenomeles lagenaria* 장미과 갈잎작은나무

목련 *Magnolia kobus* 목련과 갈잎중간나무

무궁화 *Hibiscus syriacus* 아욱과 갈잎중간나무

배롱나무 *Lagerstroemia indica* 부처꽃과 갈잎중간나무

백당나무 *Viburnum opulus for. hydrangeoides* 인동과 갈잎작은나무

백목련 *Magnolia denudata* 목련과 갈잎중간나무

산수유 *Cornus officinalis* 층층나뭇과 갈잎중간나무

산철쭉 *yedoense f. poukhanense* 진달랫과 갈잎작은나무

아까시나무 *Robinia pseudoacacia* 콩과 갈잎큰나무

영산홍(映山紅) *Rhododendron indicum* 진달랫과 반늘푸른작은나무

왕벚나무 *Prunus yedoensis* 장미과 갈잎중간나무

은행나무 *Ginkgo biloba* 은행나뭇과 갈잎큰나무

조팝나무 *Spiraea prunifolia f. simpliciflora* 장미과 갈잎작은나무

주목 *Taxus cuspidata* 주목과 늘푸른큰나무

튤립나무 *Liriodendron tulipifera* 목련과 갈잎큰나무

팥배나무 *Sorbus alnifolia* 장미과 갈잎중간나무

헛개나무 *Hovenia dulcis* 갈매나뭇과 갈잎중간나무

화살나무 *Euonymus alatus* 노박덩굴과 갈잎작은나무

회화나무 *Sophora japonica* 콩과 갈잎큰나무

숲속의 버섯 (61속 85종)

가랑잎꽃애기버섯 *Gymnopus peronatus* 주름버섯목 낙엽버섯과

가죽껍질무당버섯 *Russula olivacea* 무당버섯목 무당버섯과

간버섯 *Pycnoporus coccineus* 담자균류 민주름버섯목 구멍장이버섯과

갈변흰무당버섯 *Russula japonica* 무당버섯목 무당버섯과

갈색고리갓버섯 *Lepiota cristata* 주름버섯목 갓버섯과

갈색털꽃구름버섯 *Stereum subtomentosum* 무당버섯목 꽃구름버섯과

갈황색미치광이버섯 *Gymnopilus spectabilis* 주름버섯목 끈적버섯과

개나리광대버섯 *Amanita subjunquillea* 담자균류 주름버섯목 광대버섯과

검은비늘버섯 *Pholiota adiposa* 담자균류 주름버섯목 독청버섯과

고동색광대버섯 *Amanita fulva* 주름버섯목 광대버섯과

곰보버섯 *Morchella esculenta* 자낭균류 주발버섯목 곰보버섯과

구름송편버섯 *Trametes versicolor* 구멍장이버섯목 구멍장이버섯과

구상장미버섯 *Bondarzewia montana* 무당버섯목 뿌리버섯과

굽은꽃애기버섯 *Gymnopus dryophilus* 주름버섯목 솔밭버섯과

기와버섯 *Russula virescens* 주름버섯목 무당버섯과

기와옷솔버섯 *Trichaptum fuscoviolaceum* 민주름버섯목 구멍장이버섯과

긴꼬리버섯 *Hymenopellis radicata* 주름버섯목 뽕나무버섯과

긴대안장버섯 *Helvella elastica* 주발버섯목 안장버섯과

꽃흰목이 *Tremella foliacea* 담자균류 흰목이목 흰목이과

꾀꼬리버섯 *Cantharellus cibarius* 민주름버섯목 꾀꼬리버섯과

노란개암버섯 *Hypholoma fasciculare* 주름버섯목 독청버섯과

단색털구름버섯 *Cerrena unicolor* 구멍장이버섯목 털구름버섯과

담갈색무당버섯 *Russula compacta* 주름버섯목 무당버섯과

당귀젖버섯 *Lactarius subzonarius* 주름버섯목 무당버섯과

독우산광대버섯 *Amanita virosa* 주름버섯목 광대버섯과

독흰갈대버섯 *Chlorophyllum neomastoideum* 담자균류 주름버섯목 주름버섯과

등갈색미로버섯 *Daedalea dickinsii* 구멍장이버섯목 잔나비버섯과

마귀광대버섯 *Amanita pantherina* 주름버섯목 광대버섯과

말불버섯 *Lycoperdon perlatum* 담자균류 말불버섯과

말징버섯 *Calvatia craniiformis* 담자균류 말불버섯과

먹물버섯 *Coprinus comatus* 주름버섯목 주름버섯과

멍게두엄먹물버섯 *Coprinopsis insignis* 주름버섯목 먹물버섯과

메꽃버섯부치 *Microporus vernicipes* 구멍장이버섯목 구멍장이버섯과

명아주개떡버섯 *Tyromyces sambuceus* 구멍장이버섯목 구멍장이버섯과

목련무당버섯 *Russula alboareolata* 무당버섯목 무당버섯과

목이 *Auricularia auricula-judae* 담자균류 목이과

무당버섯 *Russula emetica* 무당버섯목 무당버섯과

민맛젖버섯 *Lactarius camphoratus* 주름버섯목 무당버섯과

밀애기버섯 *Collybia confluens* 주름버섯목 송이과

바늘깃싸리버섯 *Pterula subulata* 주름버섯목 깃싸리버섯과

밤꽃그물버섯 *Boletus pulverulentus* 주름버섯목 그물버섯과

방귀버섯 *Geastrum pectinatum* 방귀버섯목 방귀버섯과

배젖버섯 *Lactarius volemus* 무당버섯목 무당버섯과

백조갓버섯 *Lepiota cygnea* 주름버섯목 갓버섯과

뱀껍질광대버섯 *Amanita spissacea* 주름버섯목 광대버섯과

벽돌빛잔나비버섯 *Fomitopsis insularis* 민주름버섯목 구멍장이버섯과

비단털갈때기버섯 *Clitocybe alboinfundibuliformis* 주름버섯목 송이과

빨간구멍그물버섯 *Boletus subvelutipes* 주름버섯목 그물버섯과

뽕나무버섯부치 *Armillaria tabescens* 주름버섯목 뽕나무버섯과

산그물버섯 *Xerocomus subtomentosus* 주름버섯목 그물버섯과

삼색도장버섯 *Daedaleopsis tricolor* 민주름버섯목 구멍장이버섯과

색시졸각버섯 *Laccaria vinaceoavellanea* 주름버섯목 졸각버섯과

세발버섯 *Pseudocolus schellenbergiae* 담자균류 바구니버섯과

송편버섯 *Trametes suaveolens* 민주름버섯목 구멍장이버섯과

수원무당버섯 *Russula mariae* 주름버섯목 무당버섯과

숲주름버섯 *Agaricus silvaticus* 주름버섯목 주름버섯과

아까시흰구멍버섯(장수버섯) *Perenniporia fraxinea* 구멍장이버섯목 구멍장이버섯과

애기광대버섯 *Amanita citrina* 주름버섯목 광대버섯과

애기무당버섯 *Russula densifolia* 무당버섯목 무당버섯과

우산광대버섯 *Amanita vaginata* 주름버섯목 광대버섯과

이끼패랭이버섯 *Gerronema fibula* 주름버섯목 송이과

잔나비불로초 *Ganoderma applanatum* 구멍장이버섯목 불로초과

장미무당버섯 *Russula rosea* 무당버섯목 무당버섯과

점박이어리알버섯 *Scleroderma areolatum* 담자균류 어리알버섯과

젖버섯 *Lactarius piperatus* 주름버섯목 무당버섯과

족제비눈물버섯 *Psathyrella candolleana* 주름버섯목 눈물버섯과

좀목이 *Exidia glandulosa* 목이목 목이과

종이꽃낙엽버섯 *Marasmius pulcherripes* 주름버섯목 낙엽버섯과

줄목재고약버섯 *Basidioradulum radula* 구멍장이버섯목 아교버섯과

줄버섯 *Bjerkandera adusta* 구멍장이버섯목 유색고약버섯과

찹쌀떡버섯 *Bovista plumbea* 말불버섯목 말불버섯과

청머루무당버섯 *Russula cyanoxantha* 주름버섯목 무당버섯과

큰갓버섯 *Macrolepiota procera* 주름버섯목 갓버섯과

큰낙엽버섯 *Marasmius maximus* 주름버섯목 송이과

털구멍장이버섯 *Polyporus squamosus* 구멍장이버섯목 구멍장이버섯과

털귀신그물버섯 *Strobilomyces confusus* 그물버섯목 그물버섯과

테거북꽃구름버섯 *Xylobolus princeps* 무당버섯목 꽃구름버섯과

파리버섯 *Amanita melleiceps* 주름버섯목 광대버섯과

푸른주름무당버섯 *Russula delica* 주름버섯목 무당버섯과

황갈색시루뻔버섯 *Inonotus mikadoi* 민주름버섯목 꽃구름버섯과

황갈색해그물버섯 *Xerocomellus rubellus* 그물버섯목 그물버섯과

황금씨그물버섯 *Xanthoconium affine* 그물버섯목 그물버섯과

흰주름구멍버섯 *Antrodia albida* 구멍장이버섯목 잔나비버섯과

흰주름버섯 *Agaricus arvensis* 주름버섯목 주름버섯과

흰주름젖버섯 *Lactarius hygrophoroides* 무당버섯목 무당버섯과

숲에 사는 새 (30종)

개똥지빠귀 *Turdus naumanni eunomus* 참새목 딱샛과

까마귀 *Corvus corone orientalis* 참새목 까마귓과

까치 *Pica pica* 참새목 까마귓과

검은등뻐꾸기 *Cuculus micropterus* 뻐꾸기목 두견과

꾀꼬리 *Chinese oriole* 참새목 꾀꼬릿과

노랑지빠귀 *Turdus naumanninaumanni* 참새목 지빠귓과

노랑턱멧새 *Emberiza elegans* 참새목 되샛과

동고비 *Sitta europaea* 참새목 동고빗과

되새 *Fringilla montifringilla* 참새목 되샛과

딱새 *Phoenicurus auroreus* 참새목 딱샛과

때까치 *Lanius bucephalus* 참새목 때까칫과

멧비둘기 *Streptopelia orientalis* 비둘기목 비둘깃과

물까치 *Cyanopica cyanus* 참새목 까마귓과

밀화부리 *Eophona migratoria* 참새목 되샛과

박새 *Parus major* 참새목 박샛과

붉은가슴흰꼬리딱새 *Ficedula parva* 참새목 솔딱샛과

붉은머리오목눈이 *Sinosuthora webbiana* 참새목 휘파람샛과

쇠딱다구리 *Dendrocopos kizuki* 딱다구리목 딱다구릿과

쇠박새 *Parus palustris* 참새목 박샛과

쑥새 *Emberiza rustica* 참새목 되샛과

어치 *Garrulus glandarius* 참새목 까마귓과

오목눈이 *Aegithalos caudatus* 참새목 오목눈이과

오색딱다구리 *Dendrocopos major* 딱다구리목 딱다구릿과

직박구리 *Microscelis amaurotis* 참새목 직박구릿과

찌르레기 *Sturnus cineraceus* 참새목 찌르레깃과

참새 *Passer montanus* 참새목 참샛과

청딱다구리 *Picus canus* 딱다구리목 딱다구릿과

큰오색딱다구리 *Dendrocopos leucotos* 딱다구리목 딱다구릿과

호랑지빠귀 *Zoothera dauma* 참새목 지빠귓과

후투티 *Upupa epops saturata* 파랑새목 후투티과

물에 사는 새 (17종)

검은댕기해오라기 *Butorides striatus* 황새목 백로과

검은등할미새 *Motacilla grandis* 참새목 할미새과

논병아리 *Tachybaputus ruficollis* 논병아리목 논병아릿과

물닭 *Fulica atra* 두루미목 뜸부깃과

물총새 *Alcedo atthis* 파랑새목 물총샛과

백할미새 *Motacilla lugens* 참새목 할미샛과

삑삑도요 *Tringa ochropus* 도요목 도요과

쇠백로 *Egretta garzetta* 황새목 백로과

쇠오리 *Anas crecca* 기러기목 오릿과

왜가리 *Ardea cinerea* 황새목 백로과

원앙 *Aix galericulata* 기러기목 오릿과

중대백로 *alba modesta* 황새목 백로과

지느러미발도요 *Phalaropus lobatus* 도요목 도요과

청둥오리 *Anas platyrhynchos* 기러기목 오릿과

흰목물떼새 *Charadrius placidus* 도요목 물떼샛과

흰뺨검둥오리 *Anas poecilorhyncha* 기러기목 오릿과

흰죽지 *Aythya ferina* 기러기목 오릿과

참고문헌

단행본

강판권,『숲과 상상력』, 문학동네, 2018

강판권,『역사와 문화로 읽는 나무사전』, 글항아리, 2015

강혜순,『꽃의 제국』, 다른세상, 2002

김성진 편저,『함양역사인물록』1·2, 함양문화원 향토문화연구소, 2006

김성호,『나의 생명 수업』, 웅진지식하우스, 2019

김성호,『큰오색딱다구리의 육아일기』, 웅진지식하우스, 2014

김성환,『꽃해부도감』, 자연과생태, 2020

김용규,『숲에게 길을 묻다』, 비아북, 2015

김종원,『한국식물생태보감』1·2, 자연과생태, 2015·2016

김학범·장동수,『마을숲 ; 한국전통부락의 당숲과 수구막이』, 열화당, 1994

김해경,『모던걸 모던보이의 근대공원 산책』, 정은문고, 2020

남상호,『한국의 곤충』, 교학사, 1996

남효창,『나무와 숲』, 한길사, 2016

류새한 편,『느티나무와 우리 문화』, 숲과문화, 2010

마이클 폴란 지음, 이창신 옮김,『욕망의 식물학』, 서울문화사, 2002

민족문화추진회,『국역 신증동국여지승람』, 1969

박상진,『우리 나무의 세계』, 김영사, 2015

박재용,『모든 진화는 공진화다』, MID, 2019

박종길,『야생조류 필드가이드』, 자연과생태, 2016

박종섭,『함양구비문학』1권, 함양군, 2014

박중환,『식물의 인문학』, 한길사, 2016

샤먼 앱트 러셀 지음, 석기용 옮김,『꽃의 유혹』, 이제이북스, 2003

세이와 겐지 지음, 양지연 옮김,『나무의 마음에 귀 기울이다』, 목수책방, 2018

소어 핸슨 지음, 하윤숙 옮김,『씨앗의 승리』, 에이도스, 2016

수잔네 파울젠 지음, 김숙희 옮김,『식물은 우리에게 무엇인가』, 풀빛, 2002

스티븐 해로드 뷔흐너, 박윤정 옮김,『식물은 위대한 화학자』, 양문, 2013

우종영,『바림』, 자연과생태, 2018

윌리엄 C. 버거 지음, 채수문 옮김,『꽃은 어떻게 세상을 바꾸었을까』, 바이북스, 2010

유발 하라리 지음, 조현욱 옮김,『사피엔스』, 김영사, 2016

윤상욱,『숲과 나무와 문화』, 문음사, 2012

이도원,『흙에서 흙으로』하권, 사이언스북스, 2004

이우만,『새들의 밥상』, 보리, 2019

임주훈 편,『참나무와 우리 문화』, 숲과문화연구회, 1995

장일규,『최치원의 사회사상 연구』, 신서원, 2008

전영우,『숲과 한국문화』, 수문출판사, 2003

주디스 콜·허버트 콜 지음, 이승숙 옮김,『떡갈나무 바라보기』, 사계절, 2007

차윤정,『나무의 죽음』, 웅진지식하우스, 2007

찰스 스키너 지음, 윤태준 옮김,『식물 이야기 사전』, 목수책방, 2016

천령의 맥 편집위원회,『천령의 맥』, 함양군, 1995

최순규,『화살표 새도감』, 자연과생태, 2016

페터 볼레벤 지음, 장혜경 옮김,『나무수업』, 이마, 2018

하종희 편저,『사진으로 본 함양농업 변천사』, 함양군, 2013

함양군,『사진으로 본 함양의 어제와 오늘』, 함양군, 2002

함양군사편찬위원회,『함양군사』제1권(총설·역사), 함양군, 2012

논문

김동욱·이승주·이수동·김지석·한봉호, 「함양상림 식생의 생태적 특성 변화 연구」, 한국환경생태학회지 26(4) : 537~549, 2012

김종원·임정철·황숙영·이정아, 「한국 유적림(遺跡林)의 생성 기원에 대한 생태사회학적 고찰 ; 안동 만송정, 성주 성밖숲, 의성 가로숲, 함양 상림, 경주 계림을 사례로」. 한국학연구원 167~214, 2011

김학범·장동수, 「고문헌에 나타난 한국 마을숲의 시원에 관한 연구」, 한국정원학회지 11(1) 19~40, 1993

명남재, 「함양상림과 학사루」, 하천과 문화 Vol, 9 No4. 44~50, 2013

박봉우, 「마을숲과 문화」, 한국학 논집 제33집, 195~232, 2006

박재현, 「함양상림 복원을 위한 식생 및 입지특성 분석」, 한국환경복원녹화기술학회지 8(1) : 1~9, 2005

박재현, 「함양상림 복원을 위한 식생 및 입지특성 분석 2」, 한국환경복원기술학회지 13(6) : 173~184, 2010

이동주, 「마을 노거수의 경관과 기능에 관한 연구」, 부산대학교 교육대학원 석사학위 논문, 2010

이승근, 「경상남도 함양군 상림일대의 곤충상」, 경상대학교 교육대학원 석사학위 논문, 2003

정병주, 「경상남도 함양군 상림공원 내 수목의 변화에 관한 연구」, 진주교육대학교 교육대학원 초등과학교육전공 석사학위 논문, 2011

차병진·한상섭·김철웅·문성철·이광재·박영의, 「함양상림 생육환경 실태조사 연구용역」, 함양군, 2017

최원석, 「영남지방의 비보 읍수에 관한 연구」, 문화역사지리 제13권 제2호, 2001

최재길, 「마을숲의 역할과 치유적 의미에 대한 연구 — 함양상림을 중심으로」, 선문대학교 통합의학대학원 석사학위 논문, 2018

한봉호·김종엽·조현서, 「함양상림의 환경생태적 구조 분석 및 생태적 관리방안」,

한국환경생태학회지 17(4) : 324~336, 2004

인터넷·SNS·기타

함양군청 홈페이지 http://www.hygn.go.kr

최치원 역사기념관 전시기록 자료

규장각한국학연구원 http://kjg.snu.ac.kr/home/main.do?siteCd=KYU

네이버 지식백과 https://terms.naver.com

위키백과 https://ko.wikipedia.org

EBS 자연 다큐멘터리 〈이것이 야생이다〉 1·2부

EBS 동물티비 〈애니멀 포유〉 조류계의 타워팰리스에 사는 까치의 집짓기

KBS 환경스페셜 〈한반도 외래종의 침입〉 1편 '대발생 꽃매미'

유튜브, 2022 봄 카오스 강연 〈식물행성〉

유튜브 채널, 새덕후 Korean Birder

페이스북 그룹, 야생화를 사랑하는 사람들

김선정(한양대 전기생체공학부 교수) 인터뷰, "해치지 않아요" 거미는 과학의 스
　　승, 동아사이언스, 2012. 2. 3.

http://dongascience.donga.com/news.php?idx=-5414064

박광희 칼럼 — 누리백경(百景)(60), 꿀벌이 사라져간다!, 《농촌여성신문》, 2018.
　　8. 31. http://www.rwn.co.kr/news/articleView.html?idxno=46606#0
　　AW3

조홍섭 기자의 물바람숲, 하루 1만2천번 '박치기' 딱다구리도 뇌손상 입는다?,
　　2018. 2. 5. http://ecotopia.hani.co.kr/447686

《한국일보》, 벚꽃놀이에 진심인 민족… '상춘'의 역사를 돌아보다 [사진잇슈],
　　2022. 4. 9. https://n.news.naver.com/article/469/0000668561

　　　　생명의 숲 함양상림